U0203772

短视频拍摄、剪辑与运营

白莉 编著

内 容 简 介

本书是一本帮助短视频创作者快速、系统地掌握短视频拍摄、剪辑与运营方法，提升玩转自媒体各方面能力的实用图书。本书共分9章，涵盖了短视频拍摄基本知识、短视频拍摄实战技法，短视频剪辑基础操作，对短视频进行调色，在短视频中添加特效、字幕、音频及片头与片尾，短视频的推广与运营等内容。

本书全彩印刷，案例精彩实用，内容描述通俗易懂。与书中内容同步的案例操作教学视频可供读者随时扫码学习，此外，本书提供部分章节与案例配套的素材练习文件。本书具有很强的实用性和可操作性，是短视频创作爱好者及希望进一步提高短视频剪辑与运营技术的读者的首选参考书，也可作为短视频和新媒体传播实践工作者的学习用书。

本书对应的配套资源可以到http://www.tupwk.com.cn/downpage 网站下载，也可以通过扫描前言中的二维码下载。本书配套的教学视频可以扫描前言中的视频二维码进行观看和学习。

图书在版编目(CIP)数据

短视频拍摄、剪辑与运营 / 白莉编著. -- 北京：

清华大学出版社, 2024. 7. -- ISBN 978-7-302-66621-9

Ⅰ. TP317.53；F713.365.2

中国国家版本馆CIP数据核字第2024Q5377X号

责任编辑：胡辰浩
封面设计：高娟妮
版式设计：妙思品位
责任校对：马遥遥
责任印制：杨　艳
出版发行：清华大学出版社
　　　　　网　　　址：https://www.tup.com.cn，https://www.wqxuetang.com
　　　　　地　　　址：北京清华大学学研大厦A座　　邮　　编：100084
　　　　　社 总 机：010-83470000　　　　　　邮　　购：010-62786544
　　　　　投稿与读者服务：010-62776969，c-service@tup.tsinghua.edu.cn
　　　　　质 量 反 馈：010-62772015，zhiliang@tup.tsinghua.edu.cn
印 装 者：小森印刷（北京）有限公司
经　　销：全国新华书店
开　　本：148mm×210mm　　印　　张：7.375　　字　　数：357千字
版　　次：2024年9月第1版　　印　　次：2024年9月第1次印刷
定　　价：89.00元

产品编号：102056-01

人人都可以拍摄短视频，但不是人人都能够拍好短视频，短视频是一种对创作者综合素质要求很高的视听艺术。本书详细讲解短视频的拍摄、剪辑、推广与运营等方面的专业知识、关键流程和实操技巧，内容翔实又不乏深度，具有较强的系统性与实操性，能够帮助读者快速掌握短视频从入门到精通的全流程及核心技能。

　　对于短视频拍摄阶段，创作者需要有一定的审美能力，掌握常用的镜头语言，以及各种镜头构图等理论，为后续的视频剪辑打好基础。从视频剪辑、调色、特效制作的角度来说，借助移动互联网的兴起，以剪映软件为代表的入门级视频剪辑与调色工具，已经能够满足绝大多数情况下视频处理的需求，剪映软件对新手来说非常友好，其便捷的操作、强大的人工智能算法加成，能帮助新手快速剪辑出自己满意的短视频作品。在后期的推广与运营阶段，编者通过搜集大量资料，把短视频运营流程中各种核心经验以及重点把控的环节都整理分类，帮助创作者或运营人员获得更多的流量和收益。

　　本书配备相应案例讲解的教学视频，读者可以随时扫码学习。

此外，本书提供部分章节案例操作的练习文件和效果文件。读者可以扫描下方的二维码或通过登录本书信息支持网站 (http://www.tupwk.com.cn/downpage) 下载相关资料。

本书共分 9 章，由鲁迅美术学院的白莉编写。由于作者水平有限，本书难免有不足之处，欢迎广大读者批评指正。我们的邮箱是 992116@qq.com，电话是 010-62796045。

扫一扫，看视频　　　　　　　　扫码推送配套资源到邮箱

编　者

2024 年 3 月

目　录

第 1 章　短视频拍摄基本知识

第 2 章　短视频拍摄实战技法

第 3 章　短视频剪辑基础操作

第 4 章　对短视频进行调色

第 5 章　在短视频中添加特效

第1章

短视频拍摄基本知识

在拍摄短视频前，创作者需要了解发布平台对短视频的各项要求，并对短视频拍摄的前期准备工作，以及拍摄、制作的流程和内容做到精准把控，这样才能高效地拍摄出优质的短视频作品。

1.1 短视频的各项规范

短视频不能说拍就拍，当摄影师按下录制键那一刻，有许多参数值就已经默认了，例如画面比例、分辨率、横竖屏等。不同的短视频平台对于上传视频的各项参数值有明确的要求与规定，因此创作者在拍摄工作开始前，需要了解清楚各平台对视频的各项要求，这样才能保证拍摄工作高效有序。

1.1.1 短视频的画面比例

画面比例，简单来说就是视频画面的长与宽之比，不同的画面比例对用户观看体验的影响是不同的。画面比例的演化往往受传播媒介发展的影响。

4：3是标清电视，即标准清晰度电视(Standard Definition Television)的画幅，主要对应现有电视的分辨率量级，其图像质量为演播室水平，如图1-1所示。后来，由于科技的发展和时代的变迁，4：3的视频比例慢慢消失，取而代之的是现在流行的16：9的视频比例。

图 1-1

16：9是高清晰度电视(High Definition Television)的画幅，它的图像质量可接近或达到35mm宽银幕电影的水平，也是如今大部分视频平台推荐的视频比例，如图1-2所示。例如，西瓜视频、哔哩哔哩、爱奇艺、腾讯视频等平台，都支持或推荐16：9的视频比例。

图 1-2

现今，短视频主要以手机为传播媒介，9∶16的垂直方向的视频比例成了"视觉新宠"，被广泛应用于抖音、快手等短视频平台。事实证明，这种视频比例也确实提升了用户使用手机浏览短视频的体验。图1-3所示为9∶16的短视频画面显示效果。

图 1-3

除此之外，某些电商平台的短视频画面比例较为特殊。例如，淘宝和拼多多的短视频除了支持视频平台比较常见的9∶16的视频比例，还支持1∶1与3∶4这两种规格的视频比例，如图1-4所示。

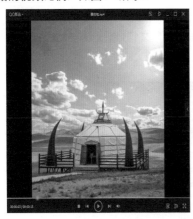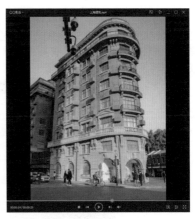

图 1-4

1.1.2 短视频的分辨率

如今我们常见的分辨率有四种，分别是480P标清分辨率、720P高清分辨率、1080P全高清分辨率以及4K超高清分辨率。大部分手机视频分辨率设置中的选项如图1-5所示。

视频分辨率

[16:9] 4K ○

[全屏] 1080p ○

[16:9] 1080p (推荐) ◉

[21:9] 1080p ○

[16:9] 720p ○

图 1-5

　　为了保障用户的观赏体验，短视频平台对视频分辨率有一定的要求。例如，抖音、快手等平台要求在竖版视频中分辨率不低于720×1280像素，建议分辨率为1080×1920像素。用户也可以上传或制作横版视频，要求分辨率不低于1280×720像素，建议分辨率为1920×1080像素。

　　除抖音、快手等专业短视频平台外，哔哩哔哩、爱奇艺、优酷等平台在传统的横版视频中，分辨率建议为1920×1080像素。另外，哔哩哔哩目前已经全面开放4K画质投稿。4K是指超高清分辨率，在此分辨率下，观众将可以看清画面中的每一个细节、每一个特写。它不同于目前家用高清电视的1920×1080像素，也不同于传统数字影院的2K分辨率的大屏幕2048×1080像素，而是具有4096×2160像素的超精细画面。采用4K超高清分辨率拍摄出来的手机视频，不管是在画面的清晰度上，还是在声音的展现上，都有着十分强大的表现力。

1.1.3　短视频的文件格式

　　人们常说的视频格式，专业说法为视频的封装格式，是视频制作软件或者摄像设备通过不同的编码格式对视频进行处理后得到的文件格式。其中，以MP4格式最为常见，如图1-6所示。它具有兼容性强、允许在不同的对象之间灵活分配码率、能在低码率下获得较高的清晰度等优点。

图 1-6

　　除MP4外，大部分短视频平台还支持FLV、AVI、WAV、MOV、WEBM、M4V、3GP等格式。

　　抖音平台支持常用的视频格式，但推荐使用MP4与WEBM格式，快手平台的视频格式也以MP4为主。哔哩哔哩的网页端、桌面客户端推荐上传的视频格式为MP4与FLV。

　　淘宝的主图短视频几乎支持所有的视频格式，这是由于淘宝后台会对上传的视频进行统一转码审核，极大地方便了用户的上传操作。

1.1.4　短视频的视频时长

　　由于各方面的原因，短视频平台对视频的时长要求也不尽相同。例如，抖音平台最初仅支持上传15秒时长的视频，而到2022年，抖音视频的时长已经延长到15分钟，只是要求视频文件的大小不超过4GB。

　　西瓜视频和爱奇艺对视频时长并没有强制性要求，只将视频文件大小限制在8GB以内。但根据调查，4分钟为西瓜视频最适合的时长。哔哩哔哩则要求单个视频时长不得超过10小时，且视频文件要小于8GB。

　　短视频的时长标准目前在业界并没有明确的规定，但基于用户有限的耐心，以及碎片化的浏览场景，创作者需要尽可能地丰富短视频的内容，并将视频时长控制在用户能接受的时间范围内。

1.1.5　短视频的播放形式

　　横屏是视频播放的经典形式，竖屏则是依托短视频而诞生的播放形式，要断定二者谁能"称霸"短视频时代，还为时尚早，横屏与竖屏各有其无可取代的适用场景。

　　"竖屏热"的兴起与智能手机的普及，以及网络资费的降低有着很大的关系。在人手一部智能手机的时代，打发碎片化时间的方式已不只是书本、MP3等，还有集这些功能于一身的智能手机。报告显示，在持手机观看短视频的94%的时间里，大众习惯将手机竖向持握而非横向持握，这导致竖屏视频的完播率要高出横屏的9倍，视觉注意力高出2.4倍，甚至竖屏广告的点击率都高出横屏的1.44倍。于是，为了把握住"竖屏红利"，各大平台纷纷开始开发能够竖屏观看的内容。同时，从内容生产者的角度来说，相较于宽画幅的横屏，单手手持就可拍摄的竖屏视频的拍摄成本更低。

　　对于许多主流视频平台，如哔哩哔哩、腾讯视频、优酷等，它们中的大部分视频依然采取的是横屏播放模式。这不仅仅是为了服务PC端的用户，更是为了在播放时长较长的视频时，给用户创造如同电影般专业的视觉感受。

　　从目前已有的行业生态来看，除了短视频平台，其他领域对于竖屏视频的尝试仍然处于试探的阶段。从行业的发展来看，竖屏视频已经开始成为移动视频的主要形态之一，但它未来会在整个视频内容体系中占据什么样的地位，还得交给时间来回答。

1.2　短视频的拍摄流程

　　由于短视频的拍摄受许多因素的影响，并不是随时随地都可以达到理想效果，因此，创作者需要宏观协调短视频的所有工作，保证拍摄能高效地进行。

1.2.1　拍摄前期的准备工作

短视频在开拍前，需要进行多方面的准备工作，以满足短视频拍摄所需的各项条件。根据常规拍摄团队的实际拍摄经验，前期准备工作可以总结成三大步骤，具体如下。

💡 定场景。定下短视频的拍摄场景是室内还是室外，是城市环境还是海边这样的自然环境，具体地点是阳光下的草地还是狭窄的小巷等，并与需要提前沟通的场地方进行联系和确定。

💡 定光与定时。短视频脚本中的场景时间如果没有特别标明是夜晚的拍摄场景，那么一般都是在白天光线较好的时段进行拍摄，而拍摄光线最适合的时段一般为9:00~11:30与14:00~17:00。

💡 定形式。由于短视频脚本的特殊要求，拍摄的形式会比较特殊，如运动拍摄等。在拍摄前需要明确是固定拍摄还是运动拍摄，是否需要多位演员一同进行拍摄等。如果需要拍摄对话，还需要对现场收音进行专门的准备，如带上收音话筒之类的设备等。

在三步准备工作进行的同时，创作团队还需要注意以下拍摄事项。

💡 尽量不要选择背景太杂乱的场景进行拍摄。

💡 切忌选择人流量大的拍摄场景。如果需要疏散人群，要提前进行沟通。

💡 拍摄前，要多方位测试，调整好角度与光线后再开拍。

💡 如果创作团队全体都是新人，在拍摄时毫无头绪，不妨先看看同行的作品，给自己一些灵感，模仿借鉴一下拍摄角度等。

💡 拍摄背景与演员服装的颜色要区分开来，否则演员在拍摄时，容易"融入"背景。

💡 在拍摄过程中，摄影师需要不断提醒模特调整姿势与表情等。

💡 在拍摄过程中，摄影师需要灵活运用竖屏拍摄技巧。

💡 拍摄时尽量保持手部不抖动，以保证视频的清晰度，必要时可采用云台或三脚架辅助拍摄。

💡 切忌在视频中开启美颜滤镜，否则成片会很模糊。

1.2.2　拍摄视频需要的软硬件

除场景、时间、形式等方面的准备外，还有一项特别重要的准备工作，那就是拍摄软硬件的准备，具体内容如图1-7所示。

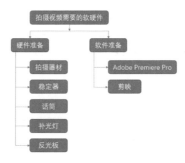

图 1-7

1. 拍摄器材

拍摄器材是短视频拍摄过程中最重要的设备，短视频能从脚本转化为实景视频全靠它。有条件的拍摄团队可以用单反相机、摄像机等来进行拍摄，新人团队则可以用智能手机练手。图1-8所示为数码相机、运动相机和智能手机等常用的拍摄器材。

图 1-8

2. 稳定器

稳定器，顾名思义就是用来稳定拍摄设备的辅助器具，常见的稳定器有三脚架与云台，它们都具备轻便、易操作、易携带的优势。三脚架适用于固定拍摄的短视频场景，而云台一般指手持云台，它可以固定手机或相机，保持拍摄的稳定性。常见的三脚架与手持云台如图1-9所示。

更加专业且条件成熟的拍摄团队甚至会用到摇臂或滑轨来稳定拍摄器，但这些器材的价格比较昂贵。初入行的团队如果条件有限，只能尽量保持手部的稳定，在需要进行运动拍摄和其他特殊拍摄时，借助自行车等道具，也可以达到好的拍摄效果。

图 1-9

3. 话筒

话筒是决定声音质量的专业工具。利用话筒录制的短视频，音质往往是比较理想的。专业的拍摄团队会使用大型的收音话筒，而短视频拍摄团队则可以使用无线话筒。这类话筒往往具有较强的适配性，可以固定在任何理想的位置。

图1-10所示为两种不同类型的无线话筒，它们体积小、携带方便，可以很轻易地藏进衣服里，也可以直接别在衣领上，满足不同类型的短视频的拍摄需求。

图 1-10

4. 补光灯

补光灯是在自然光线不足的情况下，为拍摄主体打光、充当光源的设备。拍摄团队一般把补光灯固定在拍摄设备上方，这样一来，在移动拍摄设备时，光源的方向与强度也不会产生变化。补光灯有许多不同的种类，目前在短视频领域运用较多的是环形补光灯，如图1-11所示。

环形补光灯突破了传统补光灯光源的局限性，塑造出环状的光源，可以将出镜演员拍摄得清晰又自然，还能在人眼中形成"眼神光"，让演员显得更加有神。此外，环形补光灯还能调节亮度与色温，以适应不同条件的自然光线，打造更理想的拍摄环境。

图 1-11

5. 反光板

反光板的主要作用是反射光线，从而为演员们增加欠光部位的曝光量，避免画面出现光亮分布不均的状况。常见的反光板如图1-12所示。

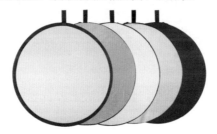

图 1-12

反光板的颜色有许多种，可适应不同光线条件。其中，比较特殊的两种反光板是黑色反光板与柔光布。黑色反光板也称"减光布"，大多放置在演员头的顶部，用于减少顶光，作用等同于遮光板；而柔光布则适用于太阳或灯光直射的情况，用来柔和光线，保证画面和谐，如图1-13所示。

图 1-13

6. 视频编辑软件

电脑端的后期制作软件有许多，其中Adobe Premiere Pro是非常有代表性的一款，软件界面如图1-14所示。它由Adobe公司开发并推出，可以对视频、声音等进行编辑。

Adobe Premiere Pro具有画面质量好、兼容性较强的优点，可以与Adobe公司推出的其他软件相互协作。目前这款软件广泛应用于广告制作和电视节目制作中，可以满足视频剪辑人员创造高质量作品的需求。

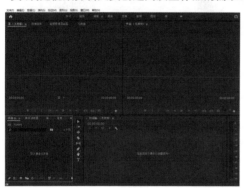

图 1-14

在手机端，界面简洁、易操作的视频后期处理App也数不胜数，常用的手机视频后期处理App除了抖音本身，还包括剪映、美拍、快剪辑、快影等，其中剪映App界面如图1-15所示。它们都具备对视频进行分段剪辑、自动翻译字幕、添加配乐等基本的剪辑功能，同时也具有各自的特色。本书将在后文中具体讲解剪映的使用方法与技巧。

图 1-15

1.2.3 视频后期的制作流程

在完成短视频的拍摄后，就需要剪辑人员对短视频进行后期制作了。后期制作的工作是有先后顺序的，流程如图1-16所示。

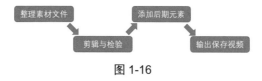

图 1-16

1. 整理素材文件

素材文件是指拍摄完成后的原始视频资料，剪辑人员在整理素材的过程中，需要完成以下3项工作。

🕐 熟悉素材。浏览所有素材，对摄影师拍了什么做到了然于胸，并在浏览过程中剔除无效素材。

🕐 整理思路。将筛选后的素材与脚本相结合，配合导演一同整理出清晰的剪辑思路。

🕐 镜头分类。将素材进行分类，将不同场景的系列镜头分类整理到不同文件夹中，并进行命名，或是重命名所有可用的剪辑素材，按照视频进展的时间对素材进行整理归纳。这一步主要是方便后续的剪辑和素材管理。

在大型的拍摄团队中，剪辑人员需要同时操作几个不同的视频项目，这时，如果素材非常混乱，则会影响工作效率或工作交接进度。因此，团队内的剪辑人员要学会科学、统一的素材整理方式。

2. 剪辑与检验

素材整理完毕后，剪辑正式开始。剪辑分为粗剪与精剪。粗剪是指按照分类好的戏份场景进行初步的拼接剪辑。挑选合适的镜头，将每一场戏的分镜头流畅地剪辑出来，之后将每一场戏按照剧本的叙事方式进行拼接，这样基本就完成了短视频的结构性框架。

粗剪的核心目的是构建出视频的框架，保证视频情节完整，便于下一步进行更加精准的细节处理。粗剪完毕后，剪辑人员需要对粗剪的成果进行检验，检验的主要方式就是将之前完成的视频仔细观看一遍，确保分镜头的顺序与剧本相符，所用的素材是素材库中的最优素材。

精剪相较粗剪而言更重要，因为每一帧剪辑成果都关乎视频画面的质量，影响着观众的观赏体验。

粗剪奠定故事基本结构，而精剪则对故事的节奏、氛围等方面进行精细调整，相当于给粗剪视频做减法和乘法——在不影响剧情的情况下，这一步修剪掉拖沓的段落，让视频镜头更加紧凑，以及通过二次剪辑，使视频的表达效果进一步升华。

最后一个环节是最终检验。精剪完成后的二次检验工作，主要是查看短视频中是否有画面搭配不太合适的问题，是否有重复的片段，是否有空白镜头出现，以及视频是否出现丢帧的情况等。

3．添加后期元素

在精剪完毕后，短视频的基本画面已经处理完毕。这时剪辑人员开始进行后期元素的添加，包括配乐、音效、字幕、特效、调色等。

配乐与音效是决定短视频表达力强弱的重要部分，合适的配乐可以为短视频加分，而音效则能帮助短视频在特殊情节处加强表现力，让其在听觉上显得更有层次。

字幕是用户在了解短视频信息时的第一选择，不论短视频是原声还是配音，剪辑人员都需要制作清晰、准确的字幕，确保用户的观感。字幕的最终呈现，一定要保证字体够大、够清晰，停留时间足够长，且字幕出现的位置尽量保持统一。

特效往往是短视频氛围的关键，一般而言，只要是带有特效的短视频，特效都是烘托氛围、调动用户情绪的引子。

在所有后期元素都添加完毕后，剪辑人员需要对画面与声音进行全面的最终检查。例如，查看视频中是否有画面搭配不合适的问题，检查字幕是否有错别字、字幕是否挡住了关键信息或演员的脸等。在声音方面，剪辑人员需要试听视频声音是否是正常大小等。

4．输出保存视频

在完成所有剪辑加工工作后，剪辑人员需要按照发布平台的要求导出视频文件，保证格式、画面比例、分辨率与平台适配。同时，短视频成品最好在两个不同的磁盘中进行备份，或上传到云盘保存，以防意外丢失。最后剪辑人员还需要将成品交给导演或运营领导进行最后的检查。

第 2 章

短视频拍摄实战技法

　　不管是专业摄影师还是业余爱好者，都可以从基础拍摄知识入手，
进行查漏补缺或入门学习。尤其是刚入门的摄影师，需要将理论与实践
相结合，才能在实际拍摄中产出高质量的短视频作品。

2.1 常用的拍摄视角

在创作短视频作品时，拍摄者可以采用多种多样的拍摄姿势，领略不同视角的风景。下面介绍常用的拍摄视角。

2.1.1 俯拍

通常来说，俯拍是摄影师从一个高的角度从上往下拍摄，即拍摄的视角在物体的上方。这种拍摄视角能够很好地表现物体形态，适合拍摄宽广宏伟的场景。例如站在山顶、高楼、天桥等比周围景物更高的地方进行拍摄。图2-1所示为在天桥上拍摄的街景的画面。

图 2-1

2.1.2 平拍

平拍是指拍摄点和被拍摄对象处于同一水平线上，以平视的角度拍摄。使用平拍视角所拍摄的照片效果接近于人们的视觉习惯，形成的透视感比较正常，不会使被拍摄对象因为透视原因产生变形、扭曲。平拍是摄影中最为常见、应用最广泛的拍摄视角，如图2-2所示。

图 2-2

2.1.3 仰拍

运用低角度仰拍产生的效果和高角度俯拍效果正好相反，由于拍摄点距离主体底部的距离比较近，距离被拍摄主体顶部较远，根据远小近大的透视原理，低角度仰拍往往会造成拍摄对象下宽上窄的透视变形效果，如图2-3所示。

图 2-3

2.2 常见的取景方式

取景决定着拍摄者对主题和题材的选择，也决定着画面布局和景物的表现。根据拍摄距离的不同，取景方式通常分为远景、中景、近景和特写4种。

2.2.1 远景取景

采用远景取景，拍摄者能拍摄到最大的场面，拍摄距离也最远。远景常用来表现自然景物或较大的场面及人文景观，其画面重点是浩大的场面，如图2-4所示。

图 2-4

2.2.2 中景取景

中景拍摄的重点是主体本身，环境退居次要，成为主体的陪衬。使用中景取景时，拍摄者要分清主次轻重，避免陪衬体喧宾夺主，注意将主体和陪衬体放置在画面的不同位置，明确其相互的地位，如图2-5所示。

图 2-5

2.2.3 近景取景

近景能更强地表现主体本身，画面中只有主体，没有陪衬体，也没有前景、背景。近景能让观看者对主体本身产生强烈的印象，如图2-6所示。

图 2-6

2.2.4 特写取景

特写取景注重主体的局部和细节，用来细致描述被摄主体，从细微处抓住对象的明显特征。特写是离被摄对象最近距离的拍摄，强化视觉效果，使观看者产生强烈的视觉心理效应，如图2-7所示。

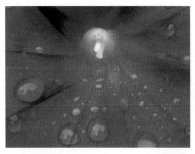 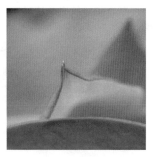

图 2-7

2.3 短视频的构图规则

用不同的构图方法拍摄的视频画面，可以传达给观众不同的视觉感受和心理感受。本节将介绍常用的短视频构图方法。

2.3.1 中央式构图

中央式构图是将所要拍摄的主体放置在画面的中心位置，以起到突出被摄主体的效果。中央式构图可以加强主体的存在感，如图2-8所示。

图 2-8

使用中央式构图的目的是突出拍摄主体，防止形成形式呆板的构图方式，一定要处理好与被摄主体相呼应的陪衬体的位置关系及色彩搭配，避免出现主体孤零零地出现在画面中央的现象。

2.3.2　黄金分割法

黄金分割法构图是摄影构图的经典构图规则。在拍摄照片时，将主体放置在画面的中央可以起到很好的强调作用，但是这种拍摄方法缺乏变化，千篇一律，过于单调。拍摄者如果使用黄金分割构图法进行构图，则可以更好地利用背景衬托画面中的主体，而将拍摄的主体放置在黄金分割线的交点处，起到强调的作用，达到更好的构图效果，如图2-9所示。

图 2-9

2.3.3　对称性构图

使用对称性构图可以拍摄具有对称结构的对象，也可以巧妙地借助其他介质，如利用水面、玻璃等反光物体，形成上下对应、左右呼应等对称构图。这种构图方式常常用来拍摄建筑及镜面中的景象或者人物等，如图2-10所示。

对称性构图的画面给人的感觉往往是稳定，画面各元素之间讲究呼应关系，达到一种均衡的视觉效果。对称是中国传统建筑等艺术形式普遍追求的结构形式，具有平稳、庄重、严谨的"形式美"，但是对称结构也有单调、缺少变化等方面的不足，采用这种构图方式，应该在平稳中求变化，在变化中取得对称。

图 2-10

2.3.4　水平线构图

　　水平线构图是最基本的构图方式。水平线构图给人以稳定、永恒和宁静的感觉。这种构图可以表现出画面的宽广性和延伸性，适合用于拍摄大幅画面，以表现整体的稳定感和宁静平和的环境氛围。在构图时，水平线的位置不同，照片给人的印象也会不同。因此，事前明确拍摄意图是非常重要的。水平线构图效果如图2-11所示。

图 2-11

2.3.5　垂直线构图

　　与水平线构图一样，垂直线构图也是一种重要的基本构图方式，能够有效地表现出画面的垂直延伸感。使用垂直线构图的画面，主导线通常以由上向下延伸的竖线形式展示，给人以雄伟、笔直的感觉。在画面中规则地安排若干条垂直线或者粗细长短不一的垂直线，表现效果都会非常不错。垂直线构图主要用在建筑、瀑布或树木等的拍摄中，着重表现拍摄对象的造型美，如图2-12所示。

图 2-12

2.3.6　对角线构图

对角线构图是一种导向性很强的构图方式，它将主体安排在对角线上，能有效利用画面对角线的长度，同时也能使陪衬体与主体发生直接关系。因为最长的对角线可以将欣赏者的目光明显地引向某事物，引导人们的视觉到画面深处，所以对角线构图的优点是富于动感，显得活泼，容易产生线条的汇聚趋势，吸引人的视线，达到突出主体的目的，如图2-13所示。

图 2-13

2.3.7　三角形构图

三角形构图是常见的面构图方式，通常以景物的形态或位置来形成三角形的视觉中心。这种构图方法常用于拍摄山景或建筑风景，可以很好地表现主体对象的稳定、坚实和有重量感的视觉效果，如图2-14所示。

图 2-14

2.3.8 棋盘式构图

棋盘式构图方式的特点就是被拍摄对象散落地分布在一定的范围内，类似于棋盘上的棋子。这种拍摄方式被广泛使用，是拍摄野生花草、群落等景物的最有效的方法。这种构图方式一般要求拍摄角度较高，以俯拍的方式来体现被拍摄对象，用以体现整体状态和气势。这时的被拍摄对象是以整体方式存在的，而不是单个个体，体现的是物体的一种分布和存在状态，如图2-15所示。

图 2-15

2.3.9 远近式构图

远近式构图法是与绘画中的远近法相似的构图方法，在展示前景的同时将远处的背景也纳入画面中，以展示丰富的画面内容，表现空间的远近感和立体感。这是一种可以营造出富有景深空间感的构图，如图2-16所示。

图 2-16

2.3.10 留白式构图

留白，从字面上理解，就是指留有空白，在艺术表现中，体现为一种画面的布局章法。摄影的留白借用了中国画中留白的概念，并有所延展。

留白是摄影构图中很常用的方法，留白能够让画面变得更加简洁，重点突出画面中的主体，以营造简洁、意境丰富的画面，如图2-17所示。留白其实也是减法构图的一种方式。

图 2-17

2.4 光线的运用

本节讲解光线的含义及使用技巧。光线大致可分为顺光、逆光、侧光、顶光和底光。每种光线都具有特有的运用方法，合理运用才会使短视频画面质量更高。

2.4.1 顺光

顺光是指摄影器材与光源在同一方向上，正对着被摄主体，可以使拍摄物体更加清晰。如果光源与摄影器材处在相同的高度，那么面向镜头的部分接收到的光线比较均匀，阴影不易显现。这是摄影时最常用的光线，这种光线最适合表现主体自身的细节和色彩，如图2-18所示。

图 2-18

2.4.2　逆光

逆光是指被摄主体背对着光源而产生的光线。在强烈的逆光下拍摄出来的影像，主体容易形成剪影。

在逆光环境下拍摄时，不仅可以按照亮部测光，使主体形成剪影效果，也可以增加曝光量，使主体曝光合适，背景曝光过度。逆光是摄影用光中最具魅力的光线。逆光的问题是光比较大，亮部与暗部的细节往往很难兼顾。所以，拍摄者逆光拍摄时应该提前明确主题与主体的关系，做到胸有成竹。逆光拍摄的效果如图2-19所示。

图 2-19

2.4.3　侧光

侧光拍摄是指光线照射的方向与摄影器材的方向呈45°～90°的角度。这种侧方的光线可以来自主体的左侧或右侧。利用这种光线拍摄出的画面，可以产生鲜明的明暗对比效果，而主体的受光面会展现得非常清晰，背光面则会以影子的形态出现在画面中，这样也使得被摄体产生强烈的质感。侧光拍摄常用于表现层次分明、具有较强立体感的画面，如图2-20所示。

图 2-20

2.4.4　顶光

顶光是指从垂直方向直射被摄主体的光线，能够表现由上到下的阴暗层次，但不容易表现出物体的质感。顶光往往使环境显得平淡单调，但是却能够使景物的色彩得到较为准确的还原。表现美食的照片常常使用顶光，衬托食材的新鲜可口，如图2-21所示。

图 2-21

2.4.5　底光

底光也称为脚光，是指从被摄主体下方向被摄主体照射的光线。因为底光并不像顺光、侧光、逆光等光线那样常见，底光更多地出现在舞台剧、戏剧照明中，或者在晚会、演唱会的布光中，而广场上的地灯、低角度的反光板等也带有底光的性质，如图2-22所示。

图 2-22

2.5 使用柔光和硬光营造气氛

在拍摄中，我们往往将光线分为"柔光"和"硬光"。这两种不同性质的光线会对画面产生不同的效果。在拍摄时，不同场景可能会有不同的光质，也可能同一场景的不同时间有不同的光质。

2.5.1 柔光

柔光是指在阴天或者太阳光线被薄云层遮挡时散发出来的光线，属于散射光。在这种气候条件下，阳光在云层中被反射、折射和吸收，不能直接射向被摄对象，光线效果比较柔和，是能够让被摄主体的色彩得到真实表现的理想的照明光线。

柔光在自然环境中是很常见的，比如多云、阴天时的光线，或者是隔着白色窗帘的室内环境等，光线都会形成漫射，使受光物体产生柔和均匀的光效。在这种环境下拍摄，可以将主体的细节层次非常细腻地表现在画面中，如图2-23所示。

图 2-23

2.5.2 硬光

柔光属于散射光，没有明确的方向性。硬光则与柔光恰恰相反，属于直射光，光线的方向性很强，能够使画面产生很大的光比，比如过亮的高光及较深的阴影。因此在硬光条件下拍摄时，我们可以根据被摄体产生的阴影来判断光源的方向。

硬光非常普遍，比如晴天时太阳直射的光线就是硬光，探照灯发出的光线及舞台上的聚光灯也都属于硬光。在硬光环境下拍摄，可以使画面具有强烈的明暗对比，被摄体的形态和轮廓更加突出。巧妙地借助硬光的特性，会让画面产生明暗分明的光影效果，如图2-24所示。

图 2-24

2.6 光线和色调的运用

光线和色调是表现被摄对象立体效果和摄影造型艺术的元素。采用光线和色调进行构图是常用的拍摄手法。

2.6.1 明暗对比

画面上产生明暗对比的原因，是由于被摄对象因受光不均匀而导致出现的明暗反差。在明暗对比的画面上，明亮的部分应是被摄主体，由于画面的反差比较大，

暗部对主体起到了明显的衬托作用，因此能更好地体现出亮部主体的层次感，使画面色调明快，层次分明，主体突出。

明暗对比的画面往往是被摄主体处于亮处，而背景处于暗处，以黑暗的背景来衬托明亮的主体，因此画面反差强烈，对比突出，有效地突出了被摄主体，如图2-25所示。

图 2-25

2.6.2 和谐色调

和谐色调是由相近的颜色或者色相环上夹角在90°以内的色彩组成的。和谐色调没有对比色调那么强烈而富有视觉刺激，但却因其无色彩跳跃而让人感到和谐、舒畅，强化了淡雅、肃静与温馨的效果，如图2-26所示。

图 2-26

2.6.3 对比色调

对比色调是指画面不是以某一类颜色为基调,而是两种色相上差别较大的颜色相搭配所形成的色彩,常用的对比色调有红与绿、黄与紫、橙与蓝等。由于这类色相差别较大,出现在同一个画面上时能给我们造成一种视觉上的反差,使各自的色彩倾向更加明显,从而更充分地发挥各自的色彩个性。颜色搭配得当是使用对比色调构图的关键,切忌杂乱无章与平分秋色,在对比色调中寻求既对立又统一,在色彩的对立中追求色彩的和谐,如图2-27所示。

图 2-27

2.6.4 冷暖色调

冷色调是以各种蓝色调为主体颜色构成的,它有助于强化深沉、神秘及寒冷等效果,而暖色调是以红、橙、黄等具有温暖倾向的色彩构成的,这两种色调如果同时出现在一个画面中,就形成了冷暖色调的对比。

冷暖色调对比的画面,强调的是一种视觉上的反差,给人的视觉感受是极其强烈而鲜明的,带有强烈的冲击性和刺激性,若处理不好则会显得杂乱无章。在冷暖色调对比的画面中,两种色调要避免等量分布,力求在色彩的对比中追求色彩的协调,如图2-28所示。

图 2-28

2.7 短视频镜头的拍摄技巧

镜头是视频创作非常重要的一个环节，视频的主题、情感、画面形式等都需要有好的镜头作为基础。而对于拍摄者来说，如何表现一般镜头和运动镜头是十分重要的知识与技巧。

2.7.1 长镜头

视频剪辑领域的长镜头与短镜头并不是指镜头焦距长短，也不是指摄影器材与被摄主体的距离远近，而是指单一镜头的持续时间。一般来说，单一镜头持续时间超过10秒，可以被认为是长镜头，不足10秒则可以被称为短镜头。

在短视频中，长镜头更能体现创作者的水准。长镜头在一些大型庆典、舞台节目、自然风貌场景中运用较多。我们也可以这样认为，越是重要的场面，越要使用长镜头进行表现。

1. 固定长镜头

拍摄机位固定不动，连续拍摄一个场面的长镜头，称为固定长镜头。下面这个固定长镜头，将镜头对准远处的山峰，拍摄日出景色的全过程，如图2-29所示。

图 2-29

2. 景深长镜头

用拍摄大景深的参数拍摄，使所拍场景的景物(从前景到后景)非常清晰，并进行持续拍摄的长镜头称为景深长镜头。

例如，我们拍摄小动物从远处跑到近处，用景深长镜头，可以让远景、全景、中景、近景、特写等都非常清晰，如图2-30所示。一个景深长镜头的内容实际上相当于一组远景、全景、中景、近景、特写镜头组合起来所表现的内容。

图 2-30

3. 运动长镜头

用推、拉、摇、移、跟等运动镜头的拍摄方式呈现的长镜头，称为运动长镜头。一个运动长镜头可以将不同景别、不同角度的画面收在一个镜头中，如图2-31所示。

图 2-31

图 2-31 （续）

2.7.2 短镜头

短镜头的主要作用是突出画面一瞬间的特性，具有很强的表现性。短镜头多用于场景快速切换和一些特定的转场剪辑中，通过快速的场景切换达到视频要表现的目的。例如，在如图2-32所示的这段视频中，记录写书法的内容，使用了多个短镜头进行衔接，使得画面内容连贯流畅，表达的意义明确。

图 2-32

图 2-32 （续）

2.7.3 空镜头

空镜头又称景物镜头，是指不出现人物(主要指与剧情有关的人物)的镜头。空镜头有写景与写物之分：前者又称风景镜头，往往用全景或远景表现；后者又称细节描写，一般采用近景或特写。

空镜头常用于介绍环境背景、交代时间信息、酝酿情绪氛围、过渡转场。我们拍摄一般的短视频时，空镜头大多用来衔接人物镜头，实现特定的转场效果或交代环境等信息，如图2-33所示。

图 2-33

图 2-33 （续）

2.7.4 固定镜头

固定镜头就是拍摄一个镜头的过程中，摄影机机位、镜头光轴和焦距都固定不变，画面所选定的框架也保持不变，而被摄对象可以是静态的也可以是动态的。

固定镜头画面稳定，符合人们日常的观感体验，可用于交代事件发生的地点和环境，也可用于突出需表现的主体。例如，下面这幢城市建筑，通过固定镜头的拍摄加上延时效果可以更好地突出它的形态和特征，如图2-34所示。

图 2-34

2.8 运动镜头的运用

运动镜头，实际上是指运动摄像，就是通过推、拉、摇、移、跟等手段所拍摄的镜头。运动镜头可通过改变拍摄器材的机位来拍摄，也可通过变化镜头的焦距来拍摄。运动镜头与固定镜头相比，具有视点不断变化的特点。

通过运动镜头，画面能产生多变的景别、角度，形成多变的画面结构和视觉效果，更具艺术性。运动镜头会产生丰富多彩的画面效果，可使观众产生身临其境的视觉和心理感受。

一般来说，长视频中运动镜头不宜过多，但短视频中运动镜头适当多一些会使画面效果更好。

2.8.1 起幅

起幅是指运动镜头开始的场面，要求构图好一些，并且有适当的长度。

一般情况下，有表演的场面应使观众能看清人物动作，无表演的场面应使观众能看清景色。起幅的具体长度可根据情节内容或创作意图而定。起幅之后，才是运动镜头的开始，如图2-35所示。

图 2-35

2.8.2　落幅

　　落幅是指运动镜头终结的画面，与起幅相对应。落幅要求由运动镜头转为固定镜头时能平稳、自然，尤其重要的是准确，即能恰到好处地按照事先设计好的景物范围或主要被摄对象位置停稳画面，如图2-36所示。

　　有表演的场面，不能过早或过晚地停稳画面，当画面停稳之后要有适当的长度使表演告一段落。如果是运动镜头接固定镜头的组接方式，那么落幅的画面构图同样要求精确。如果是运动镜头之间相组接，画面也可不停稳，而是直接切换镜头。

图 2-36

2.8.3 推镜头

推镜头是将摄像设备向被摄主体方向推进，或变动镜头焦距使画面框架由远而近向被摄主体不断推进的拍摄方法。推镜头有以下画面特征。

随着镜头的不断推进，由较大景别不断向较小景别变化，最后固定在被摄主体上，这种变化是一个连续的递进过程。

推进的速度，要与画面的气氛、节奏相协调。推进速度慢，给人以抒情、安静、平和等感受，推进速度快则可用于表现紧张不安、愤慨、触目惊心等情绪效果。

如图2-37所示，镜头的中心位置是数座高楼，将镜头不断向前推进，使高楼在画面中的占比逐渐变大，使景别产生由大到小的变化。

图 2-37

2.8.4　拉镜头

拉镜头正好与推镜头相反，是摄像设备逐渐远离被摄主体的拍摄方法，当然也可通过变动焦距，使画面由近而远变化，如图2-38所示。

图 2-38

拉镜头可真实地向观众交代被摄主体所处的环境及其与环境的关系。在镜头拉开前，环境是个未知因素，镜头拉开后可能会给观众以"原来如此"的感觉。

拉镜头常用于故事的结尾，随着被摄主体渐渐远去、缩小，其周围空间不断扩大，画面逐渐扩展为广阔的原野、浩瀚的大海或莽莽的森林，给人以"结束"的感受，赋予视频抒情性的结尾。

运用拉镜头，特别要注意提前观察大的环境，并预判视角，避免最终视觉效果不够理想。

2.8.5　摇镜头

　　摇镜头是指机位固定不动，通过改变镜头朝向来呈现场景中的不同对象，就如同某个人进屋后眼睛扫过屋内的其他人员。实际上，摇镜头所起到的作用，就是在一定程度上代表拍摄者的视线。

　　摇镜头多用于在狭窄或超开阔的场景内快速呈现周边环境。比如人物进入房间内，通过摇镜头快速表现屋内的布局或人物；又如拍摄群山、草原、沙漠、海洋等宽广的景物时，通过摇镜头快速呈现所有景物，如图2-39所示。

　　摇镜头的使用，一定要注意拍摄过程的稳定性，否则画面的晃动感会破坏原有的效果。

图 2-39

图 2-39 （续）

2.8.6 移镜头

移镜头是指拍摄者沿着一定的路线运动来完成拍摄。比如，汽车行驶过程中，车内的拍摄者手持手机向外拍摄，随着汽车的移动，画面也是不断改变的，这就是移镜头，如图2-40所示。

图 2-40

移镜头是一种符合人眼视觉习惯的拍摄方法，可以使所有的拍摄对象都能平等地在画面中得到展示，还可以使静止的拍摄对象"运动"起来。

由于需要在运动中拍摄，因此机位的稳定性是非常重要的。在影视作品的拍摄中，一般要使用滑轨来辅助完成移镜头的拍摄。

使用移镜头时，建议适当多取一些前景，这些靠近机位的前景会显得镜头运动速度更快，这样可以强调镜头的动感，如图2-41所示。还可以让拍摄对象与机位进行反向移动，从而强调速度感。

图 2-41

2.8.7 跟镜头

跟镜头是指机位跟随被摄主体运动，且与被摄主体保持等距离的拍摄。运用跟镜头可得到被摄主体不变，但景物却不断变化的效果，仿佛观众跟在被摄主体后面，从而增强画面的现场感，如图2-42所示。

跟镜头具有很好的纪实意义，对人物、事件、场面的跟随记录会让画面显得非常真实，在纪录类题材的视频中较为常见。

图 2-42

2.8.8 升降镜头

拍摄者在面对被摄主体时，进行上下方向的运动所进行的拍摄，称为升降镜头。升降镜头可以实现以多个视点表现主体或场景，如图2-43所示。

运用升降镜头时合理把握速度和节奏，可以让画面呈现出戏剧性效果，或者强调主体的某些特质，比如可能会让人感觉被摄主体特别高大等。

图 2-43

2.9 在场景之间添加转场效果

在视频中，镜头与镜头之间的衔接称为转场。许多视频在进行镜头转换时，能让观众明显看出前后镜头的过渡，这种转场称为技巧转场；没有这种明显过渡的，则称为无技巧转场。

2.9.1 无技巧转场

无技巧转场强调视觉的连续性，它是用镜头自然过渡的方式来连接上下两段内容，转场时不会使用任何特效。因此，在拍摄时，摄影师需要为转场寻找合理的转换因素，根据转换因素的不同，无技巧转场可以分为6种类型。

(1) 空镜头转场。

空镜头一般指没有演员出镜的镜头，可以作为一个单独的镜头进行剧情之间的衔接，或将视频中的前后内容进行分段。空镜头是十分经典的转场镜头。

(2) 声音转场。

声音转场是利用背景音的内容，自然转换到下一画面。声音转场的背景音常为音乐、解说词、对白等，在向观众总结上段剧情的同时，也对下段剧情进行提示，十分自然。

(3) 特写转场。

特写转场是短视频运用较多的转场方式之一。特写转场是指无论上一个镜头的结束是何种景别，下一个镜头都从特写开始，对拍摄主体的某部分细节进行突出强调。

在某条剧情类短视频中，前一个镜头的末尾是男女演员牵着手，字幕问"你有去过海边吗？"下一个镜头的开场则直接转换为海边特写，开始讲述曾经发生在海边的往事，这样的特写转场显得生动自然，引人入胜。

(4) 主观镜头转场。

主观镜头转场是指依照人物的视觉方向进行镜头的转场，即上一个镜头拍摄主体在观看某物体的画面，下一个镜头直接转至主体观看的对象，表达人物的主观视角。主观镜头转场能使观众产生很强的代入感，让观众觉得自己仿佛就是视频中的主人公，正在观看主人公所观看的对象。

例如，在一条剧情类短视频中，在前一个镜头观众可以看到女主角向镜头方向走过来，并向其后方张望，下一个镜头直接转接女主角的主观视角，即女主角看到的男主角与另一个女生站在一起的画面。配合前后镜头的字幕，观众能很轻易地理解这段剧情讲述的是女主角看到男主角与其他女生在一起时内心失望的心情。

(5) 两极镜头转场。

两极镜头转场的特点在于利用前后镜头在景别、动静变化等方面造成巨大反差来完成转场。通常情况下，两极镜头转场中上个镜头的景别会与下个镜头的景别形成"两个极端"，如从特写转到全景或远景，或反过来。

例如，在某条关于个人成长的短视频中，上一个镜头的画面内容是对杯子的特写，而下一个镜头马上切换到女主角手捧杯子看天的全景画面，这是典型的两极镜头转场。另外，从特写切换到全景，不仅使画面变得更开阔，而且给予观众视觉上的新鲜感。

(6) 遮挡镜头转场。

遮挡镜头转场是指在上一个镜头接近结束时，拍摄主体挪近以遮挡摄像机的镜头，下一个画面主体又从摄像机镜头前走开，以实现场景的转换。这种方式在给观众带来视觉冲击的同时，也使画面变得更紧凑。

2.9.2 技巧转场

技巧转场是指运用某些特效手法达到转场的目的，它常用于情节之间的转换，能给予观众明确的段落感。常见的技巧转场包括淡入淡出转场、叠化转场、划像转场。

(1) 淡入淡出转场。

淡入淡出转场是指上个镜头画面渐渐暗淡，而下个镜头的画面则由暗转明的转场手法。这种手法常见于电视节目或视频的开头与结尾，以及纪录片的分段中，是一种类似水墨画效果的转场方式。

(2) 叠化转场。

淡入淡出转场的前后镜头是泾渭分明的，而叠化转场却并非如此。叠化转场的上个镜头的结束画面与下个镜头的开始画面会相互重叠，在转场过程中，画面会显出两个不同的轮廓，渐渐地，前一个镜头的画面将逐渐暗淡隐去，而后一个镜头的画面则慢慢显现并清晰。这样的转场方式暗含了慢镜头的意味，因此常常应用于传统的影视化处理中，以表现时间流逝的效果。

(3) 划像转场。

划像转场是一种十分流畅，却也带有明显分界感的转场形式。它的切出镜头与切入镜头之间没有过多的视觉联系，所以往往用来突出时间、地点的转换。

划像转场分为划出与划入两种形式，划出指前一画面从某一方向退出屏幕，划入则指下一个画面从某一方向进入屏幕。

第 3 章

短视频剪辑基础操作

短视频的剪辑工作是一个不断完善和精细化原始素材的过程，作为短视频的创作者，要掌握剪映中的剪辑工具，打磨出优秀的影片。本章将为读者介绍剪映的一系列编辑操作，帮助读者快速掌握剪辑基础技法。

3.1　认识剪映界面

剪映的工作界面相当简洁明了，各工具按钮下方附有相应文字，用户对照文字即可轻松了解各工具的作用。下面将剪映界面分为主界面和编辑界面进行介绍。

1．主界面

打开剪映，首先进入主界面，如图3-1所示。通过点击界面底部的【剪辑】按钮、【剪同款】按钮、【创作课堂】按钮、【消息】按钮和【我的】按钮，可以切换至对应的功能界面。

图 3-1

2．编辑界面

在主界面中点击【开始创作】按钮，进入素材添加界面，如图3-2所示，在选中相应素材并点击【添加】按钮后，即可进入视频编辑界面。

视频编辑界面主要分为预览区域、轨道区域、工具栏区域等，其界面组成如图3-3所示。

剪映的基础功能和其他视频剪辑软件类似，都具备视频剪辑、音频剪辑、贴纸、滤镜、特效等编辑功能。相对于其他软件，剪映的功能更加全面、快捷，并能无损应用到抖音等社交媒体中。

图 3-2　　　　　　　　　　　　　图 3-3

3.2　掌握剪映基础操作

在开始后续章节的学习前，可以在剪映中完成自己的第一次剪辑创作，以掌握其中的流程和基础操作。

3.2.1　添加素材

在完成剪映的下载和安装后，读者可在手机桌面上找到对应的软件图标，点击该图标启动软件，进入主界面后，点击【开始创作】按钮即可新建剪辑项目。

01 在剪映主界面中点击【开始创作】按钮，如图3-4所示。

02 进入素材添加界面，选中一个视频素材，然后点击【添加】按钮，如图3-5所示。

03 此时会进入视频编辑界面，可以看到选择的素材被自动添加到了轨道区域，同时在预览区域可以查看视频画面效果，如图3-6所示。

04 按住视频轨道上的头尾两条白边并拖动，可以缩放时间的长短，如图3-7所示。

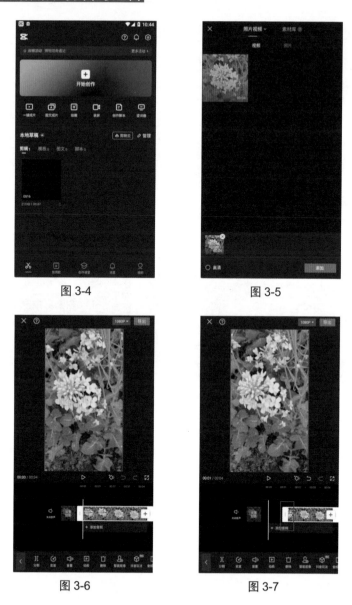

图 3-4

图 3-5

图 3-6

图 3-7

3.2.2　时间轴操作方法

　　轨道区域中那条竖直的白线就是"时间轴"，随着时间轴在视频轨道上移动，预览区域就会显示当前时间轴所在那一帧的画面。在轨道区域的最上方是一排时间刻度。通过这些刻度，用户可以准确判断当前时间轴所在的时间点，如图3-8所示。随着视频轨道被"拉长"或者"缩短",时间刻度的"跨度"也会跟着变化,如图3-9所示。

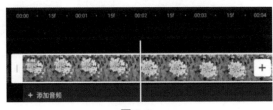

图 3-8   图 3-9

01 利用时间轴可以精确定位到视频中的某一帧(时间刻度的跨度最小可以达到2.5帧/节点)。图3-10所示为将时间轴定位于1秒后10帧(10f)处。

02 使用双指操作,可以拉长(两个手指分开)或缩短(两个手指并拢)视频轨道。图3-11所示为在图3-10的基础上继续拉长轨道。

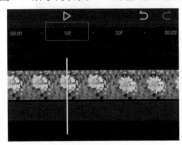

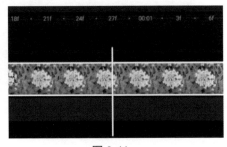

图 3-10   图 3-11

> 提示:
>
> 在处理长视频时,由于时间跨度比较大,因此从视频开头移到视频末尾就需要较长的时间。此时可以将视频轨道"缩短",从而让时间轴移动较短距离,即可实现视频时间刻度的大范围跳转。

3.2.3 轨道操作方法

在视频后期过程中,绝大多数时间都是在处理"轨道",用户掌握了对轨道进行操作的方法,就代表迈出了视频后期的第一步。

1. 调整同一轨道上不同素材的顺序

通过调整轨道，可以快速调整多段视频的排列顺序。

🔘 缩短时间线，让每一段视频都能显示在编辑界面，如图3-12所示。

🔘 长按需要调整位置的视频片段，该视频片段会以方块形式显示，将其拖曳到目标位置，如图3-13所示。手指离开屏幕后，即可完成视频素材顺序的调整。

图 3-12   图 3-13

2. 通过轨道实现多种效果同时应用到视频

在同一时间段内可以具有多个轨道，如音乐轨道、文本轨道、贴图轨道、滤镜轨道等。当播放这段视频时，就可以同时加载覆盖了这段视频的一切效果，最终呈现出丰富多彩的视频画面。图3-14所示为添加了2层滤镜轨道的视频效果。

3. 通过轨道调整效果覆盖范围

在添加文字、音乐、滤镜、贴纸等效果时，对于视频后期，都需要确定覆盖的范围，即确定从哪个画面开始，到哪个画面结束应用这种效果。

🔘 移动时间轴确定应用该效果的起始画面，然后长按效果轨道并拖曳(此处以滤镜轨为例)，将效果轨道的左侧与时间轴对齐，当效果轨道移到时间轴白线附近时，就会被自动吸附过去，如图3-15所示。

🔘 接下来移动时间轴，确定效果覆盖的结束画面，点击一下效果轨道，使其边缘出现"白框"，如图3-16所示。拉动白框右侧部分，将其与时间轴对齐。同样，当效果条拖动至时间线附近后，会被自动吸附，如图3-17所示，所以不必担心能否对齐的问题。

图 3-14

图 3-15

图 3-16

图 3-17

3.2.4 进行简单剪辑

利用剪映App自带的剪辑工具，用户可以进行简单且效果显著的视频后期操作，如分割、添加滤镜、添加音频等操作。

1. 剪辑视频片段

有时即使整个视频只有一个镜头，也可能需要将多余的部分删除，或者将其分成不同的片段，重新进行排列组合。

01 延续3.2.2节实例操作，导入视频片段后，点击【剪辑】按钮，如图3-18所示。

02 拖动轨道，调整时间轴至3秒后，点击【分割】按钮，如图3-19所示。

图 3-18　　　　　　　　　　　　　图 3-19

03 此时单个视频被分割成2个视频片段，选中第2个片段，点击【删除】按钮，如图3-20所示。

04 此时保留了前面一个片段，即原视频前3秒的内容，如图3-21所示。

2. 调节画面

与图片后期相似，一段视频的影调和色彩也可以通过后期来调整。

01 在剪映中，点击【调节】按钮，如图3-22所示。

02 在打开的【调节】选项卡中选择【亮度】【对比度】【高光】【饱和度】等工具，拖动滑动条，最后点击☑按钮，如图3-23所示，即可调整画面的明暗和影调。

图 3-20

图 3-21

图 3-22

图 3-23

03 也可以选择【滤镜】选项卡,选择一种滤镜后,调节滑块控制滤镜的强度,然后点击 ✓ 按钮,如图3-24所示。

04 返回编辑界面,显示多了一层滤镜轨道,如图3-25所示。

图 3-24

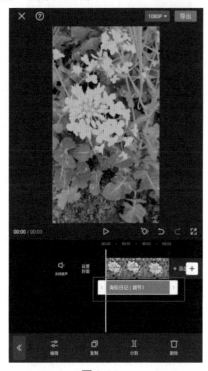

图 3-25

3. 添加音乐

对画面进行润色后,视频的视觉设置基本确定。接下来需要对视频进行配乐,进一步烘托短片所要传达的情绪与氛围。

01 在剪映中,点击视频轨道下方的【添加音频】按钮,如图3-26所示。

02 点击界面左下角的【音乐】按钮,即可选择背景音乐,如图3-27所示。若在该界面点击【音效】按钮,则可以选择一些简短的音频,以针对视频中某个特定的画面进行配音。

03 进入【添加音乐】界面后,点击音乐列表右侧的【下载】按钮 ↓,即可下载相应的音频,如图3-28所示。

04 下载完成后,↓ 按钮会变为【使用】按钮,点击【使用】按钮即可使用该音乐,如图3-29所示。

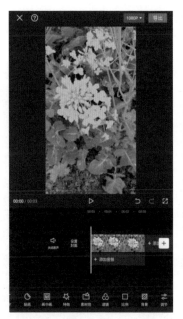

图 3-26

图 3-27

图 3-28

图 3-29

05 此时新增音频轨道，默认排列在视频轨道下方，如图3-30所示。

06 选中音频轨道，拖动白色边框并将音频轨道缩短到和视频轨道长度一致，如图3-31所示。

图 3-30   图 3-31

3.2.5 导出视频

对视频进行剪辑、润色并添加背景音乐后，可以将其导出保存，或者上传到抖音、头条等App中进行发布。导出的视频通常存储在手机相册中，用户可以随时在相册中打开视频进行预览，或分享给其他人欣赏。

01 在界面右上角点击【导出】按钮，如图3-32所示，剪辑项目开始自动导出，在等待过程中不要锁屏或切换程序。

02 导出完成后，在输出完成界面中可以选择将视频分享至抖音或其他App中，点击【完成】按钮退出界面，如图3-33所示。

03 视频将自动保存到手机相册和剪映草稿内，这里我们在相册内找到导出视频，如图3-34所示。

04 点击视频中的【播放】按钮，即可播放视频，如图3-35所示。

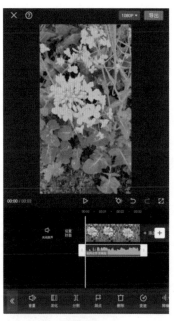

图 3-32

图 3-33

图 3-34

图 3-35

3.3 视频的剪辑处理

在剪映中,可以使用分割工具分割素材,使用替换功能替换不适合的素材,使用关键帧控制视频效果,使用防抖和降噪功能消除原始视频的瑕疵,这些都属于视频的基础剪辑操作。

3.3.1 分割视频素材

当需要将视频中的某部分删除时,可使用分割工具。此外,如果想调整一整段视频的播放顺序,同样需要先利用分割功能将其分割成多个片段,然后对播放顺序进行调整。

01 在剪映中导入一个视频素材,如图3-36所示。

02 确定起始位置为10秒处,点击【剪辑】按钮,如图3-37所示。

图 3-36   图 3-37

03 点击【分割】按钮,如图3-38所示。

04 此时原来的一段视频变为两段视频,选中第1段视频,然后点击【删除】按钮将其删除,如图3-39所示。

图 3-38　　　　　　　　　　图 3-39

05 调整时间轴至8秒处，点击【分割】按钮，如图3-40所示。

06 选中第2段视频，然后点击【删除】按钮将其删除，如图3-41所示。

图 3-40　　　　　　　　　　图 3-41

07 最后仅剩8秒左右的视频片段，点击上方的【导出】按钮导出视频，如图3-42所示。

08 在剪映素材库的【照片视频】|【视频】中可以找到导出的8秒视频，如图3-43所示。

图 3-42

图 3-43

3.3.2　复制与替换素材

如果在视频编辑过程中需要多次使用同一个素材，通过多次导入素材操作是一件比较麻烦的事情，而通过复制素材操作，可以有效地节省时间。

在剪映项目中导入一段视频素材，在该素材处于选中状态时，点击底部工具栏中的【复制】按钮，如图3-44所示。

此时在原视频后自动粘贴一段完全相同的素材，如图3-45所示。用户可以编辑复制的第2个视频素材，然后和第1个视频素材进行对比。

在进行视频编辑处理时，如果用户对某个部分的画面效果不满意，若直接删除该素材，可能会对整个剪辑项目产生影响。想要在不影响剪辑项目的情况下换掉不满意的素材，可以通过剪映中的【替换】功能轻松实现。

选中需要进行替换的素材片段，在底部工具栏中点击【替换】按钮，如图3-46所示。进入素材添加界面，点击要替换为的素材，如图3-47所示，即可完成替换。

图 3-44

图 3-45

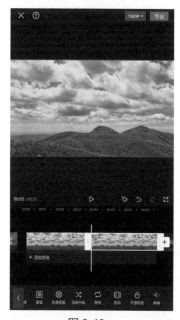

图 3-46

图 3-47

3.3.3 使用【编辑】功能

　　如果前期拍摄的画面有些歪斜，或者构图存在问题，那么通过【编辑】功能中的【旋转】【镜像】【裁剪】等工具，可以在一定程度上进行弥补。但需要注意的是，除了【镜像】工具，另外两种工具都会或多或少降低画面像素。

01 在剪映中导入一个视频素材，点击【编辑】按钮，如图3-48所示。

02 此时可以看到有3种操作可供选择，分别为【旋转】【镜像】和【裁剪】，点击【裁剪】按钮，如图3-49所示。

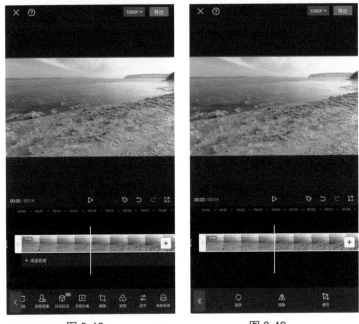

图 3-48　　　　　　　　　　　图 3-49

03 进入裁剪界面。通过调整白色裁剪框的大小，再加上移动被裁剪的画面，即可确定裁剪位置，如图3-50所示。

> **提示：**
>
> 　　一旦选定裁剪范围后，整段视频画面均会被裁剪，并且裁剪界面中的静态画面只能是该段视频的第一帧。因此，如果需要对一个片段中画面变化较大的部分进行裁剪，则建议先将该部分截取出来，然后单独导出，再打开剪映，导入该视频进行裁剪操作，这样才能更准确地裁剪出自己喜欢的画面。

04 点击裁剪界面下方的比例按钮，即可固定裁剪框比例进行裁剪，比如选择【16:9】的比例，然后点击☑按钮即可保存该操作，如图3-51所示。

图 3-50   图 3-51

05 调节界面下方的【标尺】，即可对画面进行旋转，如图3-52所示。对于一些拍摄歪斜的素材，可以通过该功能进行校正。点击【重置】按钮可返回原始状态。

06 点击编辑界面中的【镜像】按钮，视频画面会与原画面形成镜像对称，如图3-53所示。

图 3-52   图 3-53

07 点击【旋转】按钮，则可根据点击的次数，将画面分别旋转90°、180°、270°，这一操作只能调整画面的整体方向，如图3-54所示。

08 导出视频后，可以在手机相册内播放视频，如图3-55所示。

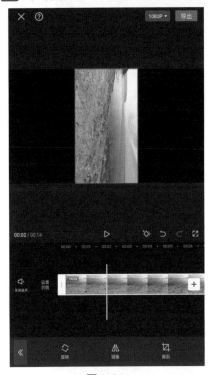

图 3-54

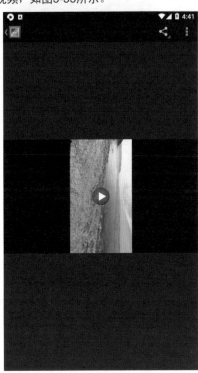

图 3-55

3.3.4 添加关键帧

添加关键帧可以让一些原本非动态的元素在画面中动起来，或让一些后期增加的效果随时间渐变。

如果在一条轨道上添加了两个关键帧，并且在后一个关键帧处改变了显示效果，如放大或缩小画面，移动图形位置或蒙版位置，修改了滤镜参数等操作，那么在播放两个关键帧之间的轨道时，就会出现第一个关键帧所在位置的效果逐渐转变为第二个关键帧所在位置的效果。

下面制作一个让贴纸移动起来的关键帧动画。

01 在剪映中导入一个视频素材，点击【贴纸】按钮，如图3-56所示。

02 进入贴纸选择界面，选中一个太阳贴纸，然后点击✔按钮确认，如图3-57所示。

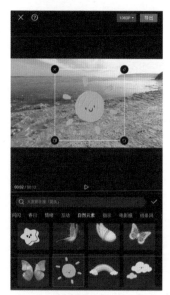

图 3-56 图 3-57

03 调整贴纸轨道，使其与视频轨道的长度一致，如图3-58所示。

04 将太阳贴纸图案缩小并移到画面的左上角，再将时间轴移至该贴纸轨道最左端，点击界面中的 按钮，添加一个关键帧(此时 按钮变为 按钮)，如图3-59所示。

图 3-58 图 3-59

05 将时间轴移到贴纸轨道的最右端，然后移动贴纸位置至视频右侧，此时剪映会自动在时间轴所在位置添加一个关键帧，如图3-60所示。

06 点击播放按钮▷，可查看太阳图案逐渐从左侧移到右侧，如图3-61所示。

图 3-60

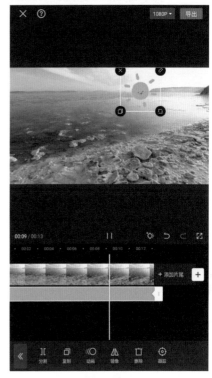

图 3-61

3.3.5 【防抖】和【降噪】功能

在使用手机录制视频时，很容易在运镜过程中出现画面晃动的问题。使用剪映中的【防抖】功能，可以明显减弱晃动幅度，让画面看起来更加平稳。

使用剪映中的【降噪】功能，可以降低户外拍摄视频时产生的噪声。如果在安静的室内拍摄视频，其本身就几乎没有噪声的情况下，【降噪】功能还可以明显提高人声的音量。

1. 防抖

若要使用【防抖】功能，首先选中一段视频素材，点击界面下方的【防抖】按钮，进入防抖界面，如图3-62所示。选择防抖的程度，一般设置为【推荐】即可，然后点击✔按钮确认，如图3-63所示。

图 3-62

图 3-63

2. 降噪

若要使用【降噪】功能，首先选中一段视频素材，点击界面下方的【降噪】按钮，如图3-64所示。将界面右下角的【降噪开关】打开，然后点击✓按钮确认，如图3-65所示。

图 3-64

图 3-65

3.4 变速、定格和倒放视频

控制时间线能够对视频产生时间变慢或变快、定格时间或时间倒流等效果，这需要运用剪映中三个控制时速的工具：变速、定格和倒放。

3.4.1 常规变速和曲线变速

在制作短视频时，经常需要对素材片段进行变速处理。例如，当录制一些运动中的景物时，如果运动速度过快，那么通过肉眼无法清楚观察到每一个细节，此时可以使用【变速】功能，降低画面中景物的运动速度，形成慢动作效果。而对于一些变化太过缓慢，或者比较单调、乏味的画面，则可以通过【变速】功能适当提高速度，形成快动作效果。

剪映中提供了常规变速和曲线变速两种变速功能，使用户能够自由控制视频中的时间速度变化。

01 在剪映中导入视频素材，选中素材后点击【变速】按钮，如图3-66所示。

02 在调速界面点击【常规变速】按钮，如图3-67所示。

图 3-66   图 3-67

03 【常规变速】是对所选的视频进行统一调速，进入变速界面后，拖动滑块至【2x】处，表示2倍快动作，点击✔按钮确认，如图3-68所示。

04 如果选择【曲线变速】，则可以直接使用预设好的速度，为视频中的不同部分添加慢动作或快动作效果。但大多数情况下，都需要使用【自定】选项，根据视频进行手动设置。用户可点击【曲线变速】按钮，进入调速界面，点击【自定】按钮，【自定】按钮区域变为红色后，再次点击浮现的【点击编辑】文字，即可进入编辑界面，如图3-69所示。

| 图 3-68 | 图 3-69 |

05 曲线上的锚点可以上下左右拉动，在空白曲线上可以点击【添加点】按钮添加锚点，如图3-70所示。向下拖动锚点，可形成慢动作效果；适当向上移动锚点，可形成快动作效果。选中并点击【删除点】按钮可以删除锚点，如图3-71所示。最后点击✔按钮确认并导出变速后的视频。

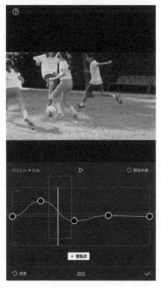

| 图 3-70 | 图 3-71 |

3.4.2 制作定格效果

【定格】功能可以将一段动态视频中的某个画面凝固下来，从而起到突出某个瞬间的效果。此外，如果定格的时间点和音乐节拍相匹配，也能使视频具有节奏感。

01 在剪映中导入一个视频素材，调整时间轴至5秒后10f处，选中素材后点击【定格】按钮，如图3-72所示。

02 此时即可自动分割出所选的定格画面，该视频片段保持3秒，如图3-73所示。

图 3-72   图 3-73

03 点击《按钮返回编辑界面，然后点击【音效】按钮，如图3-74所示。

04 在音效界面中选择【机械】音效选项卡，然后点击【拍照声1】选项右侧的【使用】按钮，如图3-75所示。

05 将拍照音轨调整到合适位置，如图3-76所示。

06 返回编辑界面，然后点击【特效】按钮，如图3-77所示。

图 3-74　　　　　　　　　　　图 3-75

图 3-76　　　　　　　　　　　图 3-77

07 点击【画面特效】按钮，如图3-78所示。

08 选择【基础】|【变清晰】特效，点击并调整参数，如图3-79所示。

图 3-78　　　　　　　　　　图 3-79

09 确认后返回编辑界面，调整特效的持续时间，将其缩短到与音效的时长基本一致，如图3-80所示。

10 点击【导出】按钮导出视频，并在手机相册中查看视频，如图3-81所示。

图 3-80　　　　　　　　　　图 3-81

3.4.3　倒放视频

【倒放】功能可以让视频从后往前播放。当视频记录随时间发生变化的画面时，如花开花落、覆水难收等场景等，应用此功能可以营造出一种时光倒流的视觉效果。

例如，首先在剪映中选中一个倒牛奶的视频，点击【倒放】按钮，如图3-82所示。待倒放处理完毕后，点击【播放】按钮，即可播放牛奶从杯子里倒流入瓶子里的倒流效果，如图3-83所示。

图 3-82　　　　　　　　　　　图 3-83

3.5　使用画中画和蒙版功能

【画中画】功能可以让一个视频画面中出现多个不同的画面，更重要的是该功能可以形成多条视频轨道，再结合【蒙版】功能，便能控制视频局部画面的显示效果。

3.5.1　使用【画中画】功能

画中画，字面上的意思就是使画面中再次出现一个画面，通过【画中画】功能，不仅能使两个画面同步播放，还能实现简单的画面合成操作。

01 在剪映中导入一个图片素材，如图3-84所示。

02 导入图片后，不选中轨道，然后点击【画中画】按钮，如图3-85所示。

图 3-84   图 3-85

03 点击【新增画中画】按钮，如图3-86所示。

04 选中一个视频素材，然后点击【添加】按钮，如图3-87所示。

图 3-86   图 3-87

05 将图片和视频轨道调整一致，如图3-88所示。

06 点击【导出】按钮导出视频，可以在手机相册中查看视频，如图3-89所示。

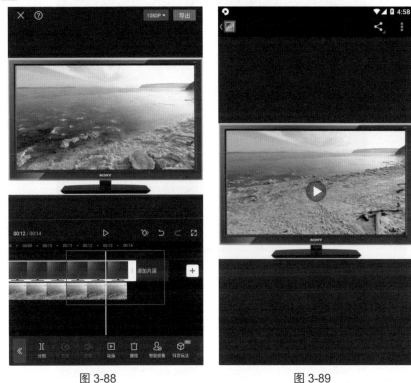

图 3-88　　　　　　　　　　　　　　　图 3-89

3.5.2　添加蒙版

蒙版可以轻松地遮挡或显示部分画面，剪映提供了多种形状的蒙版，如镜面、圆形、星形等。

如果使用【画中画】创建多个视频轨道，再结合【蒙版】功能可以控制画面局部的显示效果。

01 在剪映中导入一个视频素材，点击【画中画】按钮，如图3-90所示。

02 点击【新增画中画】按钮，如图3-91所示。

03 添加一个视频素材，此时有2个轨道视频，调整轨道时间长度一致，如图3-92所示。

04 选中下方轨道，点击【蒙版】按钮，如图3-93所示。

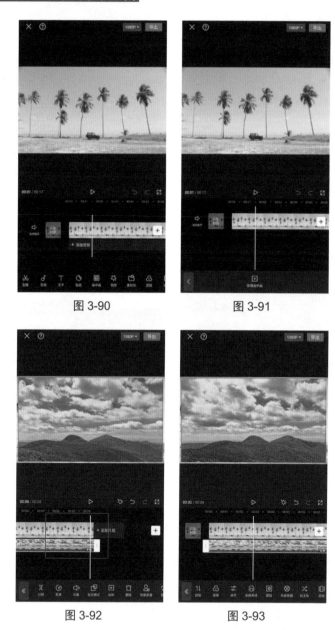

图 3-90 　　　　　　　　　 图 3-91

图 3-92 　　　　　　　　　 图 3-93

05 选中【圆形】蒙版，然后在视频上拖动 ↕ 和 ↔ 控件来控制圆的位置和大小，拖动 ❤ 控件来控制圆的羽化效果，点击 ✅ 按钮确认，如图3-94所示。

06 点击【导出】按钮导出视频，可以在手机相册中查看视频，如图3-95所示。

图 3-94

图 3-95

提示：

在剪映中有"层级"的概念，其中主视频轨道为0级，每多一条画中画轨道就会多一个层级。它们之间的覆盖关系是，层级数值大的轨道覆盖层级数值小的轨道，也就是"1级"覆盖"0级"，"2级"覆盖"1级"，以此类推。选中一条画中画视频轨道，点击界面下方的【层级】选项，即可设置该轨道的层级。剪映默认处于下方的视频轨道会覆盖处于上方的视频轨道。由于画中画轨道可以设置层级，因此改变层级即可决定显示哪条轨道上的画面。

3.5.3 实现一键抠图

在剪映中，使用【智能抠像】功能可以快速将人物从画面中抠取出来，从而进行替换人物背景等操作。使用【色度抠图】功能可以将【绿幕】或者【蓝幕】下的景物快速抠取出来，以方便进行视频图像的合成。

1．使用【智能抠像】快速抠出人物

【智能抠像】功能的使用方法非常简单，只需选中画面中有人物的视频即可抠出人物，去除背景。

01 在【素材库】中选中视频，然后点击【添加】按钮，如图3-96所示。

02 点击【画中画】按钮，如图3-97所示。

图 3-96　　　　　　　　　图 3-97

03 点击【新增画中画】按钮，如图3-98所示。

04 选中【照片视频】列表中的一段跳舞视频并单击【添加】按钮，如图3-99所示。

图 3-98　　　　　　　　　图 3-99

05 选中导入的跳舞视频轨道后，点击【智能抠像】按钮，如图3-100所示。

06 等待片刻后抠像完毕，调整两条轨道的长度一致，然后导出视频，如图3-101所示。

76

图 3-100   图 3-101

2．使用【色度抠图】快速抠出绿幕中的素材

使用【色度抠图】功能只需选择需要抠出的颜色，再对颜色的强度和阴影进行调节，即可抠出不需要的颜色。

比如要抠出绿幕背景下的飞机，可以先导入一段天空素材，点击【画中画】|【新增画中画】按钮，如图3-102所示。在【素材库】中选择一个飞机绿幕素材并导入，如图3-103所示。

图 3-102   图 3-103

选中飞机绿幕素材视频轨道后，点击【色度抠图】按钮，如图3-104所示。

预览区域会出现一个取色器，拖曳取色器至需要抠除颜色(绿色)的位置，如图3-105所示。

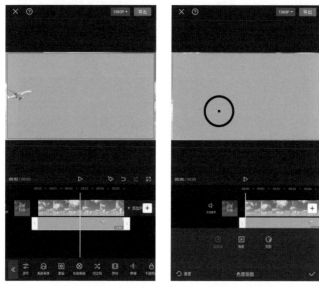

图 3-104　　　　　　　　　　图 3-105

调整【强度】和【阴影】均为100，如图3-106所示，确认后即可消除绿幕背景。

图 3-106

3.6　使用背景画布功能

在进行视频编辑工作时，若素材画面没有铺满屏幕，则会对视频观感造成影响。在剪映中可以通过【背景】功能来实现添加彩色、自定义、模糊画布等操作，以丰富视频画面效果。

3.6.1　添加纯色画布

要想在不丢失画面内容的情况下使画布被铺满，可以使用工具栏中的【背景】功能添加纯色画布。

01 导入一段横画幅视频，不选中轨道，点击【比例】按钮，如图3-107所示。
02 选中【9:16】比例选项，此时上下出现黑边，如图3-108所示。

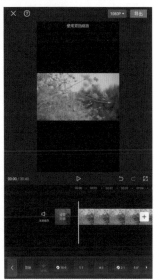

图 3-107   图 3-108

03 确定后，不选中轨道，点击【背景】按钮，如图3-109所示。
04 点击【画布颜色】按钮，如图3-110所示。

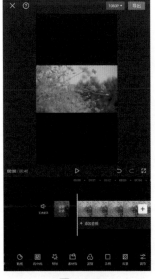
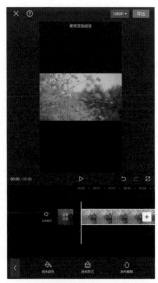

图 3-109   图 3-110

05 在【画布颜色】选项栏中点击一种颜色，然后点击☑按钮确认，即可铺满纯色画布，如图3-111所示。

06 也可点击✐按钮，出现吸取器后，吸取任意颜色作为画布颜色，如图3-112所示。

图 3-111　　　　　　　　　　　图 3-112

07 或者点击▦按钮，打开调色板，点击选取一种颜色，点击☑按钮确认，如图3-113所示。

08 此时可以查看背景画布颜色，点击☑按钮确认即可，如图3-114所示。

图 3-113　　　　　　　　　　　图 3-114

3.6.2 选择画布样式

在剪映中，用户除了可以为素材设置纯色画布，还可以应用画布样式营造个性化视频效果。

01 在【背景】界面中点击【画布样式】按钮，如图3-115所示。

02 在【画布样式】选项中点击一种样式，然后点击✓按钮确认，如图3-116所示。

图 3-115　　　　　　　　图 3-116

03 或者点击■按钮，打开照片视频列表，点击选择所需图片，如图3-117所示。

04 此时以图片为背景作为画布，如图3-118所示。

图 3-117　　　　　　　　图 3-118

提示：

如果要取消画布应用效果，在【画布样式】选项栏中点击 按钮即可。

3.6.3 设置画布模糊

用户还可以通过设置【画布模糊】以达到增强和丰富画面动感的效果。首先返回【背景】界面，点击【画布模糊】按钮，如图3-119所示，然后点击选择不同程度的模糊画布效果，如图3-120所示。

图 3-119

图 3-120

第 4 章

对短视频进行调色

　　如今人们的眼光越来越高，拍摄的短视频如果色彩单调，则可能无人观看和点赞。使用剪映编辑短视频时，使用各种调色工具创造出想要的色彩效果，才能让短视频更加出彩。

4.1 调色工具的基本操作

调色是视频编辑时不可或缺的一项调整操作，画面颜色在一定程度上能决定作品的好坏。利用剪映的【调节】功能中的各种工具，用户可以自定义各种色彩参数，也可以添加滤镜以快速应用多种色彩。

4.1.1 使用【调节】功能手动调色

【调节】功能的主要作用是调整画面的亮度和色彩，调节画面亮度时，不仅可以调节画面明暗度，还可以单独对画面中的亮部和暗部进行调整，使视频的影调更加细腻且有质感。【调节】功能主要包含【亮度】【对比度】【饱和度】【色温】等选项，下面对主要选项进行具体介绍。

- 亮度：用于调整画面的明亮程度。该数值越大，画面越明亮。
- 对比度：用于调整画面黑与白的比值。该数值越大，从黑到白的渐变层次就越多，色彩表现也越丰富。
- 饱和度：用于调整画面色彩的鲜艳程度。该数值越大，画面色彩越鲜艳。
- 锐化：用来调整画面的锐化程度。该数值越大，画面细节越丰富。
- 高光/阴影：用来改善画面中的高光或阴影部分。
- 色温：用来调整画面中色彩的冷暖倾向。该数值越大，画面越偏向暖色；该数值越小，画面越偏向冷色。
- 色调：用来调整画面中颜色的倾向。
- 褪色：用来调整画面中颜色的附着程度。

01 在剪映中导入并选中一个视频素材，点击【调节】按钮，如图4-1所示。

02 打开调节选项栏，点击【亮度】按钮，调整下方滑块数值为15，如图4-2所示。

图 4-1

图 4-2

03 点击【对比度】按钮，调整下方滑块数值为5，如图4-3所示。

04 点击【饱和度】按钮，调整下方滑块数值为15，如图4-4所示。

图 4-3   图 4-4

05 点击【锐化】按钮，调整下方滑块数值为50，如图4-5所示。

06 点击【高光】按钮，调整下方滑块数值为-20，如图4-6所示。

图 4-5   图 4-6

07 点击【阴影】按钮，调整下方滑块数值为-15，如图4-7所示。

08 点击【色温】按钮，调整下方滑块数值为-30，如图4-8所示。

图 4-7   图 4-8

09 点击【色调】按钮，调整下方滑块数值为-20，设置完毕后点击 ✓ 按钮确认，如图4-9所示。

10 点击视频轨道下方的【添加音频】文字，再点击【音乐】按钮，如图4-10所示。

图 4-9   图 4-10

11 选择音乐库中的一首短曲后，点击【使用】按钮，如图4-11所示。

12 添加音轨后，调整音频轨道和视频轨道长度一致，如图4-12所示，然后导出视频。

图 4-11

图 4-12

4.1.2 使用【滤镜】功能一键调色

与【调节】功能需要仔细调节多个参数才能获得预期效果不同，利用【滤镜】功能可一键调出唯美的色调。

首先选中一个视频片段，点击【滤镜】按钮，如图4-13所示。用户可以从多个分类下选择喜欢的滤镜效果，如选中【夜景】|【红绿】滤镜选项，然后调节下面的滑块来调整滤镜的强度，最后点击▼按钮确认，如图4-14所示。

提示：

选中一个视频片段，点击【滤镜】按钮为其添加第一个滤镜时，该效果会自动应用到整个所选片段，并且不会出现滤镜轨道。

图 4-13　　　　　　　　　　　　图 4-14

　　如果在没有选中任何视频片段的情况下，点击【滤镜】按钮并添加滤镜，如图4-15所示，此时则会出现滤镜轨道，需要控制滤镜轨道的长度和位置来确定施加滤镜效果的区域，如图4-16所示，第二个轨道即为【樱粉】滤镜效果的轨道。

图 4-15　　　　　　　　　　　　图 4-16

4.2 对人像进行调色

　　对人像照片或视频进行调色，可以使画面中人的肤色美白靓丽，清新通透。此外利用【美颜】等功能可以一键美白人像，使新手达到秒变"美颜大师"的水准。

4.2.1 调出美白肤色

　　当拍摄的人像视频画面比较暗淡，可以在剪映中调出清透美白的肤色，让人像视频更加清新靓丽。

01 在剪映中导入一个视频素材，不选中轨道，点击【滤镜】按钮，如图4-17所示。

02 在滤镜界面中选中【人像】|【净透】选项，并调整下面滑块数值至90，点击✓按钮确认，如图4-18所示。

图 4-17

图 4-18

03 点击《按钮返回上一级菜单，如图4-19所示。

04 点击【新增调节】按钮，如图4-20所示。

图 4-19　　　　　　　　　　图 4-20

05 点击【亮度】按钮，调整下方滑块数值为10，如图4-21所示。
06 点击【对比度】按钮，调整下方滑块数值为10，如图4-22所示。

图 4-21　　　　　　　　　　图 4-22

07 点击【饱和度】按钮，调整下方滑块数值为5，如图4-23所示。
08 点击【光感】按钮，调整下方滑块数值为8，如图4-24所示。

图 4-23　　　　　　　　　图 4-24

09 点击【高光】按钮，调整下方滑块数值为15，如图4-25所示。
10 点击【色温】按钮，调整下方滑块数值为-10，如图4-26所示。

图 4-25　　　　　　　　　图 4-26

11 点击【色调】按钮，调整下方滑块数值为-20，点击✔按钮确认，如图4-27
所示。

12 此时界面中显示添加了【净透】和【调节1】轨道，调整这两条轨道和视频轨
道长度一致，如图4-28所示。

图 4-27　　　　　　　　　图 4-28

13 点击视频轨道下方的【添加音频】文字，再点击【音乐】按钮，如图4-29所示。

14 在音乐库中点击【抖音】图标，如图4-30所示。

图 4-29　　　　　　　　　图 4-30

15 选择音乐库中的一首短曲后，点击【使用】按钮，如图4-31所示。

16 添加音轨后，调整音频轨道和视频轨道长度一致，如图4-32所示，然后导出视频。

图 4-31

图 4-32

4.2.2 人像磨皮瘦脸

用户可以使用剪映内置的【美颜美体】功能对面部进行磨皮及瘦脸处理，对人像的面部进行一些美化处理，可以使人像视频更显魅力。

选中素材轨道后，点击【美颜美体】按钮，如图4-33所示。美颜选项里提供了【智能美颜】【智能美体】【手动美体】三个选项按钮，如图4-34所示。点击不同的按钮，可以进入对应的选项设置，点击其中的选项按钮，并调整相关参数即可快速完成磨皮、变白、瘦脸、瘦体等智能处理。

例如，点击【智能美颜】按钮后，出现【磨皮】【瘦脸】【大眼】【瘦鼻】【美白】【白牙】六个按钮，点击其中的【瘦脸】按钮，然后调整下面的滑块至最右边(数值最大)，可看到如图4-35所示的人脸变瘦成如图4-36所示的人脸。

图 4-33

图 4-34

图 4-35

图 4-36

4.3 对景物进行调色

使用剪映中的滤镜和调节功能，可让视频中的不同景色呈现与众不同的效果，包括橙蓝反差的夜景调色、古色古香的建筑调色、鲜艳欲滴的花卉调色、纯洁干净的海天调色等。

4.3.1 橙蓝夜景调色

由于灯光和昏暗夜色环境等因素，橙蓝反差的效果很适合夜景调色，这种调色能大大提升视频的质感和色彩表现力。

01 在剪映中导入一个视频素材后，点击【滤镜】按钮，如图4-37所示。

02 选择【精选】|【橙蓝】滤镜，调整下方滑块数值为90，点击✔按钮确认，如图4-38所示。

图 4-37

图 4-38

03 返回上一级菜单，然后点击【新增调节】按钮，如图4-39所示。

04 点击【对比度】按钮，调整下方滑块数值为20，如图4-40所示。

05 点击【色温】按钮，调整下方滑块数值为-15，如图4-41所示。

06 点击【色调】按钮，调整下方滑块数值为50，深化蓝色效果，如图4-42所示。

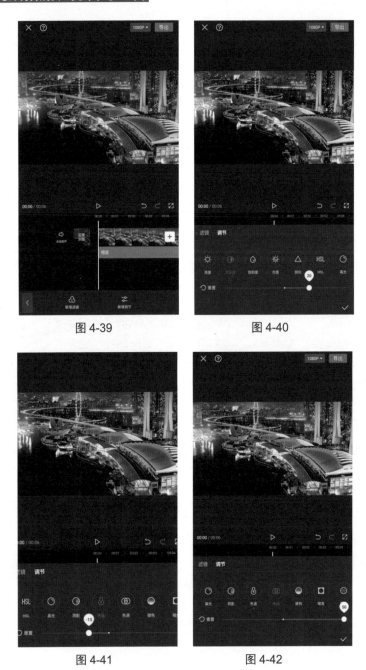

图 4-39

图 4-40

图 4-41

图 4-42

07 点击【饱和度】按钮，调整下方滑块数值为20，点击✓按钮确认，如图4-43所示。

08 调整三条轨道长度一致，然后点击《按钮返回编辑界面，导出视频，如图4-44所示。

图 4-43

图 4-44

09 将原视频和导出视频打开，比较前后效果，如图4-45(原视频)和图4-46(导出视频)所示。

图 4-45

图 4-46

4.3.2 古风建筑调色

一般中国古建筑适合古色古香的古风色调，这种色调能让暗淡的建筑变得明亮。

01 在剪映中导入一个视频素材，点击【滤镜】按钮，如图4-47所示。

02 选择【风景】|【橘光】滤镜，调整下方滑块数值为60，点击✓按钮确认，如图4-48所示。

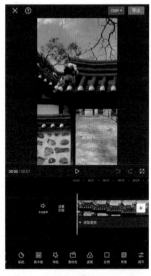

图 4-47　　　　　　　　　　　图 4-48

03 点击《按钮返回上一级菜单，如图4-49所示。
04 点击【新增调节】按钮，如图4-50所示。

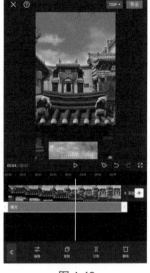

图 4-49　　　　　　　　　　　图 4-50

05 点击【亮度】按钮，调整下方滑块数值为15，如图4-51所示。
06 点击【对比度】按钮，调整下方滑块数值为15，如图4-52所示。

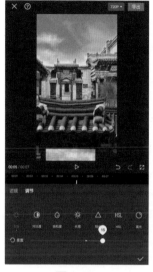 

图 4-51　　　　　　　　　　　　　图 4-52

07 点击【饱和度】按钮，调整下方滑块数值为10，如图4-53所示。
08 点击【光感】按钮，调整下方滑块数值为10，如图4-54所示。

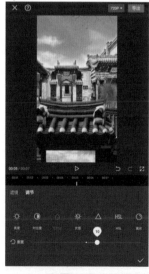 

图 4-53　　　　　　　　　　　　　图 4-54

09 点击【锐化】按钮，调整下方滑块数值为30，如图4-55所示。

10 点击【色温】按钮，调整下方滑块数值为-15，如图4-56所示。

图 4-55　　　　　　　　图 4-56

11 点击【色调】按钮，调整下方滑块数值为10，点击✓按钮确认，如图4-57所示。

12 此时界面中显示添加了【橘光】和【调节1】轨道，调整这两条轨道和视频轨道长度一致，并导出视频，如图4-58所示。

图 4-57　　　　　　　　图 4-58

13 将原视频和导出视频打开，比较前后效果，如图4-59(原视频)和图4-60(导出视频)所示。

图 4-59   图 4-60

4.3.3 明艳花卉调色

对于鲜花的调色，主要是为了让原本色彩偏素淡的花朵变得娇艳欲滴，调色后的画面色调偏暖色调，且更加清晰透亮。

01 在剪映中导入一个视频素材，点击【滤镜】按钮，如图4-61所示。

02 选择【风景】|【晚樱】滤镜，调整下方滑块数值为80，点击✔按钮确认，如图4-62所示。

图 4-61   图 4-62

03 点击《按钮返回上一级菜单，如图4-63所示。

04 点击【新增调节】按钮，如图4-64所示。

图 4-63　　　　　　　　　　　图 4-64

05 点击【亮度】按钮，调整下方滑块数值为5，如图4-65所示。

06 点击【对比度】按钮，调整下方滑块数值为10，如图4-66所示。

图 4-65　　　　　　　　　　　图 4-66

07 点击【饱和度】按钮，调整下方滑块数值为10，如图4-67所示。

08 点击【光感】按钮，调整下方滑块数值为-10，如图4-68所示。

图 4-67　　　　　　　　　　　　图 4-68

09 点击【锐化】按钮，调整下方滑块数值为30，如图4-69所示。

10 点击【色温】按钮，调整下方滑块数值为-10，如图4-70所示。

图 4-69　　　　　　　　　　　　图 4-70

11 点击【色调】按钮，调整下方滑块数值为15，点击✓按钮确认，如图4-71所示。

12 此时界面中显示添加了【晚樱】和【调节1】轨道，调整这两条轨道和视频轨道长度一致，并导出视频，如图4-72所示。

 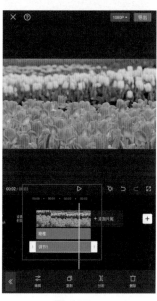

图 4-71   图 4-72

13 将原视频和导出视频打开，比较前后效果，如图4-73(原视频)和图4-74(导出视频)所示。

图 4-73   图 4-74

4.3.4 纯净海天调色

蓝天白云和大海(水面)是常用的视频景色，用户可以将视频背景调色为纯洁干净的背景，让人看了心旷神怡，这是一种万能调色方案。

01 在剪映中导入一个视频素材，点击【滤镜】按钮，如图4-75所示。

02 选择【风景】|【晴空】滤镜，调整下方滑块数值为80，点击✓按钮确认，如图4-76所示。

图 4-75　　　　　　　　　　图 4-76

03 点击《按钮返回上一级菜单，如图4-77所示。
04 点击【新增调节】按钮，如图4-78所示。

图 4-77　　　　　　　　　　图 4-78

05 点击【亮度】按钮，调整下方滑块数值为15，如图4-79所示。

06 点击【对比度】按钮，调整下方滑块数值为5，如图4-80所示。

图 4-79　　　　　　　　　　　图 4-80

07 点击【饱和度】按钮，调整下方滑块数值为10，如图4-81所示。

08 点击【锐化】按钮，调整下方滑块数值为40，如图4-82所示。

图 4-81　　　　　　　　　　　图 4-82

09 点击【色温】按钮，调整下方滑块数值为-30，点击✓按钮确认，如图4-83所示。

10 此时界面中显示添加了【晴空】和【调节1】轨道，调整这两条轨道和视频轨道长度一致，并导出视频，如图4-84所示。

图 4-83

图 4-84

11 将原视频和导出视频打开，比较前后效果，如图4-85(原视频)和图4-86(导出视频)所示。

图 4-85

图 4-86

4.4 使用日系、港系、赛博系色调

日系色调偏青橙清新，港系色调偏复古怀旧，赛博系色调迷幻硬派，这些特殊色系深受广大文艺青年的喜爱。

4.4.1 青橙透明的日系色调

青橙色调是日系色调中最常见的一种类型，很适合调节风光视频的色彩。这种色调让人看了心旷神怡。

01 在剪映中导入一个视频素材，点击【滤镜】按钮，如图4-87所示。

02 选择【风景】|【京都】滤镜，调整下方滑块数值为80，点击✓按钮确认，如图4-88所示。

图 4-87

图 4-88

03 点击《按钮返回上一级菜单，如图4-89所示。

04 点击【新增滤镜】按钮，如图4-90所示。

05 选择【风景】|【柠青】滤镜，调整下方滑块数值为80，点击✓按钮确认，如图4-91所示。

06 调整三条轨道长度一致，然后点击《按钮返回上一级菜单，如图4-92所示。

图 4-89

图 4-90

图 4-91

图 4-92

07 点击【新增调节】按钮，如图4-93所示。

08 点击【对比度】按钮，调整下方滑块数值为10，如图4-94所示。

图 4-93　　　　　　　　　　　　　图 4-94

09 点击【饱和度】按钮，调整下方滑块数值为10，如图4-95所示。

10 点击【色温】按钮，调整下方滑块数值为-10，如图4-96所示。

图 4-95　　　　　　　　　　　　　图 4-96

11 点击【色调】按钮，调整下方滑块数值为-50，点击✓按钮确认，如图4-97所示。

12 此时界面中显示添加了三条轨道，调整这三条轨道和视频轨道长度一致，并导出视频，如图4-98所示。

图 4-97

图 4-98

13 将原视频和导出视频打开，比较前后效果，如图4-99(原视频)和图4-100(导出视频)所示。

图 4-99

图 4-100

4.4.2 复古港风色调

若要在街景视频中调出复古港风色调，可以使用剪映提供的【港风】滤镜，并在此基础上添加颗粒、褪色效果等，使其更具怀旧复古风。

01 在剪映中导入一个视频素材，点击【滤镜】按钮，如图4-101所示。

02 选择【复古胶片】|【港风】滤镜，调整下方滑块数值为100，点击✓按钮确认，如图4-102所示。

图 4-101   图 4-102

03 点击《按钮返回上一级菜单，如图4-103所示。

04 点击【新增滤镜】按钮，如图4-104所示。

图 4-103   图 4-104

05 选择【影视级】|【月升之国】滤镜，调整下方滑块数值为80，点击✔按钮确认，如图4-105所示。

06 调整三条轨道长度一致，然后点击《按钮返回上一级菜单，如图4-106所示。

图 4-105　　　　　　　　　　图 4-106

07 点击【新增调节】按钮，如图4-107所示。

08 点击【光感】按钮，调整下方滑块数值为20，如图4-108所示。

图 4-107　　　　　　　　　　图 4-108

09 点击【色温】按钮，调整下方滑块数值为15，如图4-109所示。
10 点击【褪色】按钮，调整下方滑块数值为30，如图4-110所示。

图 4-109　　　　　　　　图 4-110

11 点击【颗粒】按钮，调整下方滑块数值为60，点击✓按钮确认，如图4-111所示。
12 此时界面中显示添加了三条轨道，调整这三条轨道和视频轨道长度一致，并导出视频，如图4-112所示。

图 4-111　　　　　　　　图 4-112

13 将原视频和导出视频打开，比较前后效果，如图4-113(原视频)和图4-114(导出视频)所示。

图 4-113

图 4-114

4.4.3 渐变赛博系色调

赛博朋克色调偏向于冷色调，主要由蓝色和洋红色构成。在剪映中利用【关键帧】功能，可以使视频呈现从普通色调渐变为赛博系色调的效果。

01 在剪映中导入一个视频素材，选中视频轨道，点击◇按钮添加关键帧，此时视频开头出现红色箭头关键帧符号，如图4-115所示。

02 拖曳时间轴至视频末尾处，点击◇按钮添加关键帧，然后点击【滤镜】按钮，如图4-116所示。

图 4-115

图 4-116

03 选择【风格化】|【赛博朋克】滤镜，调整下方滑块数值为100，点击✔按钮确认，如图4-117所示。

04 点击【调节】按钮，如图4-118所示。

图 4-117   图 4-118

05 点击【饱和度】按钮，调整下方滑块数值为-10，如图4-119所示。
06 点击【光感】按钮，调整下方滑块数值为-7，如图4-120所示。

图 4-119   图 4-120

07 点击【色温】按钮，调整下方滑块数值为-15，如图4-121所示。
08 点击【色调】按钮，调整下方滑块数值为20，如图4-122所示。

图 4-121　　　　　　　　　　图 4-122

09 点击【颗粒】按钮，调整下方滑块数值为10，点击✓按钮确认，如图4-123所示。
10 拖曳时间轴至视频起始位置，点击【滤镜】按钮，如图4-124所示。

图 4-123　　　　　　　　　　图 4-124

11 保持原有滤镜选项，调整下方滑块数值为0，点击✓按钮确认，如图4-125所示。

12 返回视频轨道界面，查看并导出视频，如图4-126所示。

图 4-125　　　　　　　　　　　图 4-126

13 将原视频和导出视频打开，比较前后效果，如图4-127(原视频)和图4-128(导出视频)所示。

图 4-127　　　　　　　　　　　图 4-128

第 5 章

在短视频中添加特效

　　剪映拥有非常丰富的特效工具，使用恰当的特效可以突出画面的重点和视频节奏。结合特效工具，用户可以制作多个镜头之间的酷炫转场效果，让视频镜头之间的衔接更为流畅、自然。

5.1 添加常用特效

剪映为广大短视频制作者提供了丰富酷炫的视频特效，能够帮助他们轻松实现马赛克、纹理、炫光、分屏、漫画等视觉效果。

5.1.1 认识特效界面

在剪映中添加视频特效的方法非常简单，在创建剪辑项目并添加视频素材后，将时间轴定位至需要出现特效的时间点，在未选中素材的状态下，点击底部工具栏中的【特效】按钮，如图5-1所示。此时出现两个选项按钮，分别是【画面特效】和【人物特效】按钮，这里点击【画面特效】按钮进入特效选项栏，如图5-2所示。

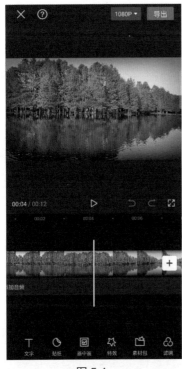

图 5-1

图 5-2

在特效选项栏中，通过滑动操作可以预览特效类别。默认情况下，视频素材不具备特效效果，用户在特效选项栏中点击任意一种效果，可将其应用至视频素材，如图5-3所示。继续点击已选中特效按钮上面浮现的【设置参数】文字，即可打开各特效的参数界面，调整滑块数值设置参数，如图5-4所示。

若不再需要特效效果，点击◎按钮即可取消特效的应用。

图 5-3

图 5-4

5.1.2 制作梦幻风景

如果想让自己拍摄的风景类视频更加与众不同，用户可以在画面中添加一些粒子或光效效果，营造画面的梦幻感。

01 在剪映中导入一个视频素材，不选中轨道，点击【特效】按钮，如图5-5所示。

02 点击【画面特效】按钮，如图5-6所示。

图 5-5

图 5-6

03 点击【氛围】|【星河】按钮，并点击【调整参数】文字，如图5-7所示。

04 设置【星河】特效的参数，设置完毕后点击 ✓ 按钮确认，如图5-8所示。

图 5-7   图 5-8

05 将【星河】特效轨道拉长至与视频轨道长度一致，如图5-9所示。

06 返回第一级界面，点击【音频】按钮，如图5-10所示。

图 5-9   图 5-10

07 点击【音效】按钮，如图5-11所示。

08 选择【魔法】|【仙尘】音效，点击【使用】按钮，如图5-12所示。

图 5-11　　　　　　　　　　图 5-12

09 返回第一级界面，点击【导出】按钮导出视频，如图5-13所示。

10 在手机相册中打开视频进行查看，如图5-14所示。

图 5-13　　　　　　　　　　图 5-14

5.1.3　变身漫画人物

　　剪映可以为图片素材添加漫画效果。图片导入剪映中，会自动形成3秒静止的视频格式，利用漫画等特效可以让静止的画面动起来，使现实人物一瞬间变身为漫画中人。

01 在剪映中导入一幅图片素材，选中轨道后，点击【复制】按钮，如图5-15所示。

02 此时自动粘贴一个3秒的视频，点击【音频】按钮，如图5-16所示。

图 5-15　　　　　　　　图 5-16

03 点击【音效】按钮，如图5-17所示。

04 选择【转场】|【嗖】音效，点击【使用】按钮，如图5-18所示。

图 5-17　　　　　　　　图 5-18

05 将音效轨道放置在第2段视频开始处，如图5-19所示。

06 选中第2段视频轨道，点击【抖音玩法】按钮，如图5-20所示。

图 5-19　　　　　　　　　　　图 5-20

07 点击【港漫】效果，画面中人物变为漫画人物，点击 ✓ 按钮确认，如图5-21所示。

08 选中第1段视频轨道，点击【动画】按钮，如图5-22所示。

图 5-21　　　　　　　　　　　图 5-22

09 点击【出场动画】按钮，如图5-23所示。

10 选中【旋转】效果，调整下方滑块数值为1秒，点击✓按钮确认，如图5-24所示。

图 5-23   图 5-24

11 返回第一级界面，点击【特效】按钮，如图5-25所示。

12 点击【画面特效】按钮，如图5-26所示。

图 5-25   图 5-26

13 选择【Bling】|【圣诞星光】特效，点击【调整参数】文字，调整下方滑块数值，点击✔按钮确认，如图5-27所示。

14 返回界面后，保持特效轨道时长和第2段视频轨道一致，点击【导出】按钮导出视频，如图5-28所示。

图 5-27

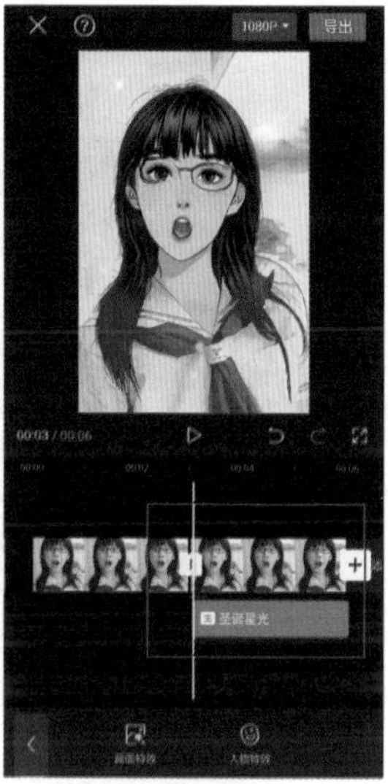

图 5-28

15 打开视频显示漫画变身效果，如图5-29和图5-30所示。

图 5-29

图 5-30

5.1.4　叠加多重特效

　　一段视频不止可以添加一重特效。剪映还提供了多重特效轨道，可以将这些特效叠加在视频轨道上。不过用户需要选择恰当、合适的特效叠加，否则可能会产生"1+1"小于"2"的效果。

01 在剪映中导入一个视频素材，点击【特效】按钮，如图5-31所示。

02 点击【画面特效】按钮，如图5-32所示。

 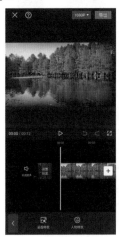

图 5-31　　　　　　　　　图 5-32

03 选择【基础】|【变彩色】特效，点击【调整参数】文字，调整下方滑块数值，点击✔按钮确认，如图5-33所示。

04 返回上一级界面，再次点击【画面特效】按钮，如图5-34所示。

图 5-33　　　　　　　　　图 5-34

05 选择【氛围】|【水墨晕染】特效，点击【调整参数】文字，调整下方滑块数值，点击☑按钮确认，如图5-35所示。

06 此时显示两个特效叠加到视频轨道上，如图5-36所示。

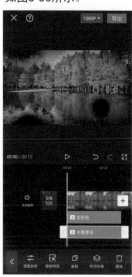

图 5-35　　　　　　　　　图 5-36

07 依次点击《按钮和‹按钮返回初始界面，点击【画中画】按钮，如图5-37所示。

08 点击【新增画中画】按钮，如图5-38所示。

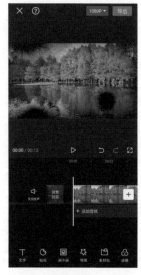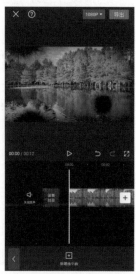

图 5-37　　　　　　　　　图 5-38

09 选择一个视频并导入，选中该视频轨道后，点击【编辑】按钮，如图5-39所示。
10 点击【裁剪】按钮，如图5-40所示。

图 5-39 图 5-40

11 调整裁剪框大小，点击✓按钮确认，如图5-41所示。
12 裁剪后的视频如图5-42所示。

图 5-41 图 5-42

13 点击多次返回按钮返回初始界面，点击【特效】按钮，如图5-43所示。

14 点击【画面特效】按钮，如图5-44所示。

图 5-43　　　　　　　　图 5-44

15 选择【氛围】|【雪花细闪】特效，点击【调整参数】文字，调整下方滑块数值，点击✓按钮确认，如图5-45所示。

16 添加第3个特效，默认选中特效后，点击【作用对象】按钮，如图5-46所示。

图 5-45　　　　　　　　图 5-46

17 选中【画中画】选项，点击✓按钮确认，如图5-47所示。

18 此时第3个特效只应用在画中画的视频上，导出视频，如图5-48所示。

图 5-47

图 5-48

19 打开视频后显示多重特效的效果，如图5-49所示。

图 5-49

5.2 使用动画贴纸功能

动画贴纸功能是如今许多短视频编辑类软件中的必备功能，在视频上添加静态或动态的贴纸，不仅可以起到较好的遮挡作用(类似于马赛克)，还能让视频画面看上去更加炫酷。

5.2.1 添加普通贴纸

在剪映的剪辑项目中添加视频或图像素材后，在未选中素材的状态下，点击底部工具栏中的【贴纸】按钮，如图5-50所示。在打开的贴纸选项栏中可以看到几十种不同类型的动画贴纸，选中后点击按钮即可应用在素材上，如图5-51所示。

图 5-50

图 5-51

普通贴纸在这里特指贴纸选项栏中没有动态效果的贴纸素材，比如【emoji】类别下的表情符号贴纸，如图5-52所示，贴纸效果如图5-53所示。

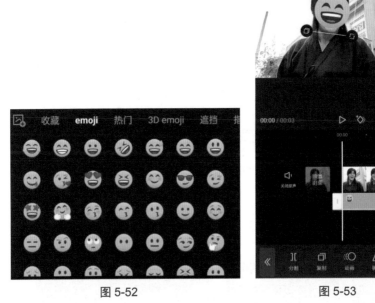

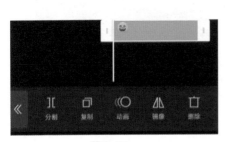

图 5-52　　　　　　　　　　　　　　图 5-53

　　虽然贴纸本身不会产生动态效果，但用户可以自行为贴纸素材设置动画。设置贴纸动画的方法很简单，在轨道区域中选中贴纸素材，然后点击底下的【动画】按钮，如图5-54所示。在打开的贴纸动画选项栏中可以为贴纸设置【入场动画】【出场动画】和【循环动画】，并可以对动画效果的播放时长进行调整，如图5-55所示。

图 5-54　　　　　　　　　　　　　　图 5-55

5.2.2　添加自定义贴纸

　　剪映还支持用户在剪辑项目中添加自定义贴纸，进一步满足用户的创作需求。添加自定义贴纸的方法很简单，在贴纸选项栏中点击最左侧的 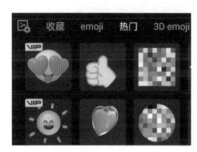 按钮，如图5-56所示，即可打开素材添加界面(手机相册中的照片或视频)，选取贴纸元素添加至剪辑项目中，如图5-57所示。导入后可以设置贴纸，步骤和设置普通贴纸一致。

图 5-56 图 5-57

5.2.3　添加特效贴纸

　　特效贴纸在这里特指贴纸选项栏中自带动态效果的贴纸素材，如炸开粒子素材、情绪动画素材等，如图5-58和图5-59所示。相对于普通贴纸来说，特效贴纸由于自带动画效果，因此具备更高的趣味性和动态感，对于丰富视频画面来说是不错的选择。

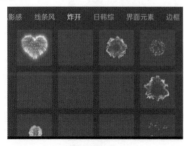

图 5-58 图 5-59

5.2.4 添加边框贴纸

　　边框贴纸，顾名思义就是在画面上添加一个边框效果。在剪映的贴纸选项栏中，选择【边框】选项卡，即可在贴纸列表中看到不同类型的边框贴纸素材，如图5-60所示，选中一款贴纸即可将其插入画面中，如图5-61所示。

图 5-60　　　　　　　　　图 5-61

　　下面介绍一个使用各类贴纸的实例，帮助大家掌握使用贴纸的操作方法。

01 在剪映中导入一个图像素材，不选中素材，点击【贴纸】按钮，如图5-62所示。

02 选中【脸部装饰】列表中的一个静态羞红贴纸后，贴纸显示在视频中，如图5-63所示。

图 5-62　　　　　　　　　图 5-63

03 拖曳贴纸右下角的◨按钮，调整贴纸的大小和旋转角度，并将贴纸放置在脸上，如图5-64所示。

04 点击贴纸右上角的✐按钮，进入设置贴纸动画界面，选中【入场动画】|【渐显】效果，设置滑块数值，然后点击✓按钮确认，如图5-65所示。

图 5-64　　　　　　　　　　　　　图 5-65

05 返回上一级界面，不选中素材，点击【添加贴纸】按钮，如图5-66所示。

06 选中【爱心】列表中的一个动态爱心贴纸，如图5-67所示。

图 5-66　　　　　　　　　　　　　图 5-67

07 拖曳贴纸右下角的 按钮，调整贴纸的大小和旋转角度，将贴纸放置在合适位置，然后点击 按钮确认，如图5-68所示。

08 返回上一级界面，不选中素材，点击【添加贴纸】按钮，如图5-69所示。

图 5-68　　　　　　　　图 5-69

09 选中【边框】列表中的一个边框贴纸，设置贴纸的大小和位置，然后点击 按钮确认，如图5-70所示。

10 返回初始界面，点击【特效】按钮，如图5-71所示。

图 5-70　　　　　　　　图 5-71

11 点击【画面特效】按钮，如图5-72所示。

12 选择【综艺】|【手电筒】特效，点击【调整参数】文字，调整下方滑块数值，点击☑按钮确认，如图5-73所示。

图 5-72　　　　　　　　　　　图 5-73

13 添加特效后，点击【导出】按钮导出视频，如图5-74所示。

14 在手机相册中播放导出的视频，如图5-75所示。

图 5-74　　　　　　　　　　　图 5-75

5.3 应用转场效果

视频转场也称视频过渡或视频切换,使用转场效果可以使一个场景平缓且自然地转换到下一个场景,同时可以极大地增加影片的艺术感染力。使用合适的转场可以改变视角,推进故事的进行,避免两个镜头之间产生突兀的跳动。在剪映中,转场主要分为基础、特效、幻灯片、遮罩、运镜等不同类型。

5.3.1 基础转场

在轨道区域中添加多个素材之后,通过点击素材中间的 ┃ 按钮,可以打开转场选项栏,如图5-76所示。在转场选项栏中,提供了【基础转场】【特效转场】【幻灯片】等不同类型的转场效果,如图5-77所示。

图 5-76   图 5-77

【基础转场】中包含叠化、闪黑、闪白、色彩溶解、滑动和擦除等转场效果,这一类转场效果主要是通过平缓的叠化、推移运动来实现两个画面的切换。图5-78和图5-79所示为【基础转场】类别中【横向拉幕】效果的展示(添加转场后 ┃ 按钮会变为 ⋈ 按钮)。

图 5-78   图 5-79

5.3.2 特效转场

　　【特效转场】中包含故障、放射、马赛克、动漫火焰、炫光等转场效果，这一类转场效果主要通过火焰、光斑、射线等炫酷的视觉特效来实现两个画面的切换。图5-80和图5-81所示为【特效转场】类别中【色差故障】效果的展示。

图 5-80   图 5-81

5.3.3 幻灯片

　　【幻灯片】类别中包含翻页、立方体、倒影、百叶窗、风车等转场效果，这一类转场效果主要通过一些简单的画面运动和图形变化来实现两个画面的切换。图5-82和图5-83所示为【幻灯片】类别中【立方体】效果的展示。

图 5-82　　　　　　　　　　图 5-83

5.3.4 遮罩转场

　　【遮罩转场】类别中包含圆形遮罩、星星、爱心、水墨、画笔擦除等转场效果，这一类转场效果主要通过不同的图形遮罩来实现画面之间的切换。图5-84和图5-85所示为【遮罩转场】类别中【星星II】效果的展示。

图 5-84　　　　　　　　　　图 5-85

5.3.5 运镜转场

　　【运镜转场】类别中包含推近、拉远、顺时针旋转、逆时针旋转等转场效果，这一类转场在切换过程中会产生回弹感和运动模糊等效果。

01 在剪映中同时导入3个视频素材，并拖曳设置每个视频的时长为4秒，如图5-86所示。

02 点击第一个┃按钮，打开转场选项栏，选中【运镜转场】|【推近】效果，设置时长为1.5秒，然后点击左下角的【全局应用】按钮，再点击✓按钮确认，如图5-87所示。

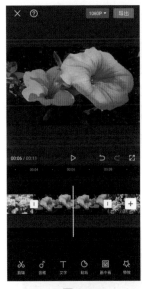

图 5-86

图 5-87

03 此时所有片段之间都设置为同样的转场效果，如图5-88所示。

04 选中第2个片段，点击【动画】按钮，如图5-89所示。

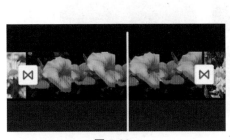

图 5-88

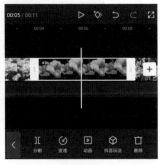

图 5-89

05 点击【入场动画】按钮，如图5-90所示。

06 选中【渐显】效果，设置时长为2秒，然后点击✓按钮确认，如图5-91所示。

 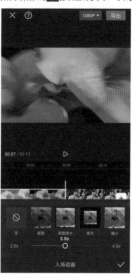

图 5-90   图 5-91

07 返回界面，第2段视频轨道前2秒有绿色遮盖表示【动画】效果，如图5-92所示。

08 导出视频后查看视频效果，如图5-93所示。

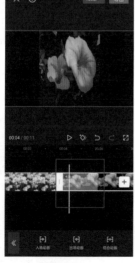 

图 5-92   图 5-93

第 6 章

在短视频中添加字幕

6.1　制作字幕

　　观看视频对于观众来说是一个被动接收信息的过程，添加字幕阐释视频的主题和重点，可帮助观众更好地接收视频要传递的信息。

6.1.1　添加基本字幕

　　在剪映中添加视频字幕的方法非常简单，在创建剪辑项目并添加视频素材后，在未选中素材的状态下，点击底部工具栏中的【文字】按钮，如图6-1所示。此时出现多个选项按钮，这里点击【新建文本】按钮，如图6-2所示。

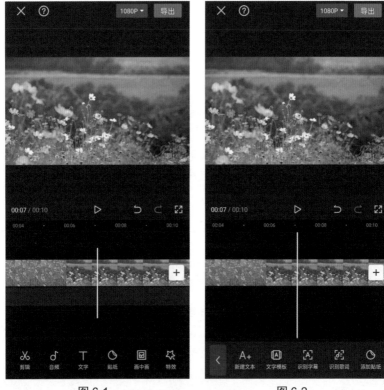

图 6-1　　　　　　　　　　　　　　　　图 6-2

　　剪映提供中文、英文及其他语言的文字输入，在不同语言栏下提供不同字体、样式等选项，在文本框内输入文字，然后点击■按钮确认即可，如图6-3所示。返回上一级界面，此时添加了字幕轨道，如图6-4所示。

图 6-3   图 6-4

6.1.2　调整字幕

在轨道区域中添加文字素材后，在选中文字素材的状态下，可以在底部工具栏中点击相应的工具按钮对文字素材进行分割、复制和删除等基本操作。

在预览区域中可以看到文字周围分布着一些功能按钮，如图6-5所示，通过这些功能按钮同样可以对文字进行一些基本调整。

点击文字旁的🖊️按钮，或者双击文字素材，会打开输入框，可对文字内容进行修改，如图6-6所示；点击文字旁的■按钮，可对文字进行缩放和旋转操作，如图6-7所示；点击文字旁的■按钮，可以复制出一个相同的文本，如图6-8所示；按住文字素材进行拖动，可以调整文字位置。

图 6-5

图 6-6

图 6-7

图 6-8

在轨道区域中，按住文字素材，当素材变为灰色状态时，可左右拖动，以调整文字素材的摆放位置，如图6-9所示；在选中文字素材的状态下，按住素材前端或尾端的图标左右拖动，可以对文字素材的持续时间进行调整，如图6-10所示。

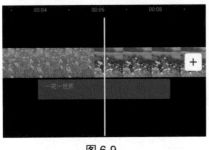

图 6-9

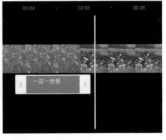

图 6-10

6.1.3 设置字幕样式

在创建字幕后，用户可以对文字的字体、颜色、描边和阴影等样式效果进行设置。打开字幕样式栏的方法有两种：一是在创建字幕时，点击文本输入栏下方的【样式】选项卡，即可切换至字幕样式栏，如图6-11所示；二是在轨道区域中选择字幕素材，然后点击底部工具栏中的【编辑】按钮，如图6-12所示，也可打开字幕栏并选择【样式】选项卡。

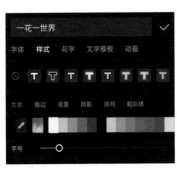

图 6-11

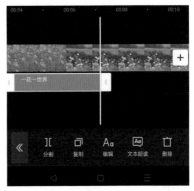

图 6-12

01 在剪映中导入一个视频素材，不选中轨道，点击【文字】按钮，如图6-13所示。

02 点击【新建文本】按钮，如图6-14所示。

03 弹出输入键盘，输入文字，点击✓按钮确认，如图6-15所示。

04 在预览区域中，将文字素材调整到合适的大小及位置，然后按住轨道中素材尾部的图标向右拖动，将素材时长延长。选中文字素材，点击【编辑】按钮，如图6-16所示。

图 6-13

图 6-14

图 6-15

图 6-16

05 在【字体】选项卡中选中【幽悠然】字体，如图6-17所示。

06 选择【样式】选项卡，选中一个黑色描边样式，如图6-18所示。

图 6-17　　　　　　　　图 6-18

07 选中【样式】|【阴影】选项卡，将颜色设置为绿色，调整透明度为60，点击✓按钮确认，如图6-19所示。

08 选中文字素材，点击【动画】按钮，如图6-20所示。

图 6-19　　　　　　　　图 6-20

09 选中【出场动画】|【向右擦除】选项,设置持续时间为1.5秒,点击☑按钮确认,如图6-21所示。

10 将时间轴拖至字幕后,点击【新建文本】按钮,如图6-22所示。

| 图 6-21 | 图 6-22 |

11 输入文字,然后设置和上一字幕相同的样式,点击☑按钮确认,如图6-23所示。

12 选中第2个文字素材,点击【动画】按钮,如图6-24所示。

| 图 6-23 | 图 6-24 |

13 选中【入场动画】|【向右擦除】选项，设置持续时间为1.5秒，点击✓按钮确认，如图6-25所示。

14 返回界面后，调整第2个文字素材结尾使其和视频结尾一致，点击【导出】按钮导出视频，如图6-26所示。

图 6-25　　　　　　　　　图 6-26

15 在手机相册中打开视频，显示文字效果，如图6-27和图6-28所示。

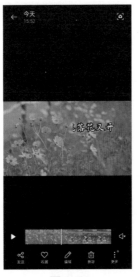

图 6-27　　　　　　　　　图 6-28

6.2 使用语音识别

使用手机制作解说类的短视频时，需要一些台词，在传统后期处理中，需要创作者根据语音卡点将文字输入，这会花费创作者比较多的时间和精力。而剪映提供了语音识别功能，可智能自动识别视频自带的语音并转换为文字，大大节省了制作视频的时间。

6.2.1 语音自动识别为字幕

剪映内置的【识别字幕】功能，可以对视频中的语音进行智能识别，并自动转换为字幕。

01 在剪映中导入一个带语音的视频素材，不选中素材，点击【文字】按钮，如图6-29所示。

02 点击【识别字幕】按钮，如图6-30所示。

图 6-29

图 6-30

03 弹出提示框，点击【开始识别】按钮，如图6-31所示。

04 识别完成后，将在轨道区域中自动生成几段文字素材，如图6-32所示。

图 6-31   图 6-32

05 选中第1段文字素材，点击【批量编辑】按钮，如图6-33所示。

06 确认，共4条字幕，然后点击第1条字幕，如图6-34所示。

图 6-33   图 6-34

07 在【字体】选项卡中选中【书法】|【挥墨体】字体，如图6-35所示。

08 在【样式】选项卡中设置描边、字号、透明度等参数，如图6-36所示。

图 6-35   图 6-36

09 在【动画】选项卡中选中【出场动画】|【向左滑动】，设置持续时长为1秒，点击✓按钮确认，如图6-37所示。

10 点击✓按钮，将4条字幕的字体和样式设置得一致，如图6-38所示。

图 6-37   图 6-38

11 由于【动画】效果不能全体应用，需要一个一个地加以编辑，可以分别选中后面的字幕，逐一添加上相同的【出场动画】|【向左滑动】动画效果，点击✔按钮确认，如图6-39和图6-40所示。

图 6-39   图 6-40

12 所有字幕都添加了动画效果后，点击【导出】按钮导出视频，如图6-41所示。
13 在手机相册中查看视频效果，如图6-42所示。

图 6-41   图 6-42

6.2.2 字幕转换为语音

剪映除了能将语音转换为字幕，反过来也可以将字幕转换为语音，只需利用【朗读文本】功能即可轻松实现。

01 在剪映中导入一个视频素材，不选中素材，点击【文字】按钮，如图6-43所示。

02 点击【新建文本】按钮，如图6-44所示。

图 6-43 　　　　　　　　图 6-44

03 选中一个字体后输入文本，如图6-45所示。

04 设置字体样式，点击✓按钮确认，如图6-46所示。

图 6-45 　　　　　　　　图 6-46

05 将第1个文字素材拉长至合适位置，不选中任何素材，点击【新建文本】按钮，如图6-47所示。

06 输入文本，默认保持和上一个字幕同样的样式，点击✔按钮确认，如图6-48所示。

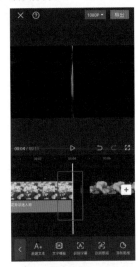 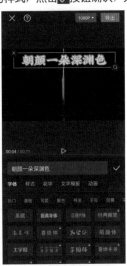

图 6-47   图 6-48

07 将第2个文字素材拉长至合适位置，不选中任何素材，点击【新建文本】按钮，如图6-49所示。

08 输入文本，默认保持和上一个字幕同样的样式，点击✔按钮确认，如图6-50所示。

图 6-49   图 6-50

09 返回上一级界面，点击【文本朗读】按钮，如图6-51所示。

10 选中【女声音色】|【小姐姐】音色效果，点击✓按钮确认，如图6-52所示。

图 6-51   图 6-52

11 使用相同的方法，为其余两个字幕添加同样的音色，此时字幕上都添加了【文本朗读】符号，点击【导出】按钮导出视频，如图6-53所示。

12 在手机相册中查看视频效果，如图6-54所示。

图 6-53   图 6-54

6.2.3 识别歌词

在剪辑项目中添加中文背景音乐后，通过【识别歌词】功能，可以对音乐的歌词进行自动识别，并生成相应的字幕素材，对于一些想要制作音乐视频短片、唱歌视频效果的创作者来说，这是一项非常省时省力的功能。

使用【识别歌词】功能的操作方法非常简单。首先在剪辑项目中完成背景视频素材的添加和处理后，将时间轴定位至需要添加背景音乐的时间点，然后在未选中素材的状态下，点击【音频】|【音乐】按钮，如图6-55所示。进入音乐素材库后，选择一段背景音乐并添加至剪辑项目，如图6-56所示。

图 6-55　　　　　　　图 6-56

返回第一级底部工具栏，在未选中素材的状态下，点击【文字】按钮，如图6-57所示。然后点击【识别歌词】按钮，如图6-58所示。

图 6-57　　　　　　　图 6-58

　　弹出提示框后，点击【开始识别】按钮，如图6-59所示。识别完毕后，将在轨道区域中自动生成多段字幕素材，且各段字幕素材自动匹配相应的歌词时间点，如图6-60所示。用户也可以对文字素材样式进行单独或统一修改，以呈现更精美的画面效果。

图 6-59

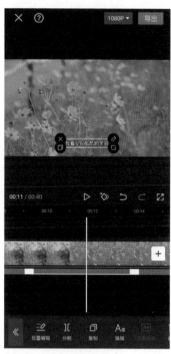

图 6-60

6.3　添加动画字幕

　　利用剪映自带的字幕动画效果，如花字、动画、混合等，可以让字幕变幻无穷，此外使用贴纸中的文字功能也能添加艺术字幕，让短视频中的文字效果更加抢眼。

6.3.1　插入花字

　　花字是一种艺术字类型，由于花样繁多，因此独立于【字体】【样式】存在。要输入花字，首先和普通字幕一样，点击【文字】|【新建文本】按钮，进入输入文字界面，选择【花字】选项卡，选中一种花字类型，如图6-61所示。拖曳输入框右下角的■按钮，可以调整文字的大小和旋转角度，输入文字后，点击■按钮确认，如图6-62所示。

图 6-61　　　　　　　　　　图 6-62

6.3.2　制作打字动画效果

字幕添加动画后能让文字更加灵动，下面用文字入场动画效果和音效配合制作一段打字效果短视频。

01 在剪映中导入一个视频素材(自带音频)，选中素材后点击【音频分离】按钮，如图6-63所示。

02 选中分离出的音频轨道，点击【删除】按钮，如图6-64所示。

图 6-63　　　　　　　　　　图 6-64

03 返回初始界面，不选中素材，点击【文字】按钮，如图6-65所示。

04 点击【新建文本】按钮，如图6-66所示。

图 6-65   图 6-66

05 选中一种字体并输入文字，如图6-67所示。

06 在【样式】选项卡中，选择绿色作为字体颜色，点击✓按钮确认，如图6-68所示。

图 6-67   图 6-68

163

07 将字幕拉长至与视频时长一致，如图6-69所示。

08 选中字幕，点击【动画】按钮，如图6-70所示。

图 6-69   图 6-70

09 选中【入场动画】|【打字机I】效果，设置持续时间为2秒，点击✓按钮确认，如图6-71所示。

10 返回初始界面，点击【音频】按钮，如图6-72所示。

图 6-71   图 6-72

11 点击【音效】按钮，如图6-73所示。

12 选择【机械】|【打字声】音效，点击【使用】按钮，如图6-74所示。

图 6-73   图 6-74

13 此时添加了1秒的音效，点击【导出】按钮导出视频，如图6-75所示。

14 在手机相册中查看视频效果，显示有打字动画并伴随打字声，如图6-76所示。

图 6-75   图 6-76

6.3.3 使用文字贴纸

上一章介绍了剪映的【贴纸】功能，而文字功能中也包含【添加贴纸】功能，剪映提供的多种文字贴纸让文字显得更加光彩夺目。

要使用文字贴纸，首先导入视频素材，点击【文字】按钮，如图6-77所示，然后点击【添加贴纸】按钮，如图6-78所示。

图 6-77 　　　　　　　　图 6-78

此时进入贴纸界面，其中不仅有图案贴纸，还有许多文字类贴纸，比如选中【花样】贴纸即可将其插入视频中，然后调整贴纸的大小、位置、角度，最后点击按钮确认，如图6-79所示。返回上一界面，显示添加的贴纸素材轨道，如图6-80所示。

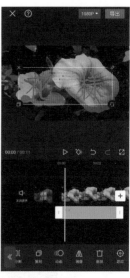

图 6-79 　　　　　　　　图 6-80

6.3.4 制作镂空文字开场

镂空文字的开场可以展示视频标题及其他文字信息，让画面显得文艺、有内涵，是制作微电影、vlog等视频的常用开场。要制作镂空文字，需要利用剪映中的【画中画】和【混合模式】功能编辑文字和视频。

01 在剪映中选中【素材库】中的【黑屏】素材，点击【添加】按钮，如图6-81所示。

02 点击【文字】按钮，如图6-82所示。

图 6-81　　　　　　　　图 6-82

03 点击【新建文本】按钮，如图6-83所示。

04 选中【创意】|【综艺体】字体，输入文字，如图6-84所示。

图 6-83　　　　　　　　图 6-84

05 在【样式】选项卡中选中一种描边选项，然后设置描边的颜色和粗细度，点击✔按钮确认，如图6-85所示。

06 点击【导出】按钮生成一个字幕视频，如图6-86所示。

图 6-85　　　　　　　　　　图 6-86

07 重新导入一个视频素材，点击【画中画】按钮，如图6-87所示。

08 点击【新增画中画】按钮，如图6-88所示。

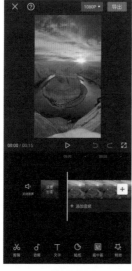
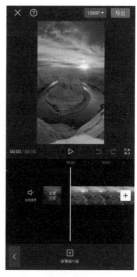

图 6-87　　　　　　　　　　图 6-88

09 选中刚导出的字幕视频，点击【添加】按钮。如图6-89所示。

10 在轨道区域中选中字幕视频，然后使用双指将其放大至合适大小并放置在合适位置，点击【混合模式】按钮，如图6-90所示。

图 6-89　　　　　　　图 6-90

11 选中【正片叠底】模式，点击✓按钮确认，如图6-91所示。

12 导出视频后在手机相册中查看视频效果，可以看到有3秒的镂空字开场，如图6-92所示。

图 6-91　　　　　　　图 6-92

6.3.5 使用文字模板

　　剪映还提供了丰富的文字模板，帮助创作者快速制作出格式精美的动态或静态文字效果。比如要插入【气泡】类模板的动态文字，首先进入输入文字的界面，选择【文字模板】选项卡，然后选中【气泡】栏中的一种效果，点击✅按钮确认，即可插入该文字模板字幕，如图6-93和图6-94所示。

图 6-93　　　　　　　　　　　　　图 6-94

第 7 章

在短视频中添加音频

　　音乐给视频画面带来全面动感的视听享受，音频是短视频中非常重要的元素，视频中的音频包括视频原声、后期配音、背景音乐音效等。添加适当的音频，会让短视频更能打动人心且层次更加丰富。

7.1 添加音频

　　剪映可以自由调用自带的音乐库中不同类型的音乐素材，支持将抖音等平台中的音乐或本地相册中的音乐添加到剪辑项目中。

7.1.1 从音乐库和抖音中选取音频

　　在剪映音乐库中选取音乐的操作方法在前面的章节也有提及，首先在未选中素材的状态下，点击【音频】按钮，然后点击【音乐】按钮，如图7-1和图7-2所示。

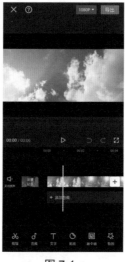

图 7-1　　　　　　　　图 7-2

　　进入音乐素材库，素材库中对音乐进行了细分，用户可根据音乐类别来挑选自己想要的音频，比如点击【旅行】图标，进入其列表，选择歌曲，点击所选歌曲右侧的【使用】按钮即可插入该音频，如图7-3和图7-4所示。

图 7-3　　　　　　　　图 7-4

　　剪映和抖音、西瓜视频等平台直接关联，支持在剪辑项目中添加抖音中的音乐。打开剪映并点击【我的】按钮，如图7-5所示，然后点击【抖音登录】按钮，登录抖音的账号，如图7-6所示。

图 7-5	图 7-6

　　登录抖音账号，进入剪辑项目界面，点击【音频】按钮后，就可以点击【抖音收藏】按钮，找到自己在抖音中收藏过的音乐并调用，如图7-7和图7-8所示。

图 7-7	图 7-8

7.1.2 导入本地音乐

若想要导入本地音乐，可以打开剪映音乐库，选择【导入音乐】选项卡，点击【本地音乐】按钮，然后选择音乐文件并点击其右侧的【使用】按钮导入，如图7-9和图7-10所示。

图 7-9

图 7-10

7.1.3 提取视频音乐

剪映支持用户对本地相册中拍摄和存储的视频进行提取音乐操作，还可以将其他视频中的音乐提取并应用在剪辑项目中。

01 在剪映中导入一个无音频的视频素材，不选中素材，点击【音频】按钮，如图7-11所示。

02 点击【提取音乐】按钮，如图7-12所示。

03 进入【照片视频】界面，选择要提取背景音乐的视频，然后点击【仅导入视频的声音】按钮，如图7-13所示。

04 此时将添加音频轨道，将其时长调整得和视频时长一致，如图7-14所示。

图 7-11

图 7-12

图 7-13

图 7-14

7.2 处理音频

剪映为短视频创作者提供了比较完善的音频处理功能，支持创作者在剪辑项目中对音频素材进行添加音效、音量个性化调节及降噪处理等操作。

7.2.1 添加音效

当出现和视频画面相符的音效时，会大大增加视频代入感。剪映的音乐库中提供了丰富的音效选项，方便用户提取并使用。

首先不选中素材，将时间轴定位在需要添加音效的时间点，点击【音频】按钮，如图7-15所示。继续点击【音效】按钮，如图7-16所示。

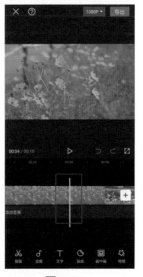

图 7-15

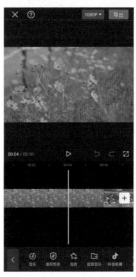

图 7-16

此时将打开音效选项栏，其中有【笑声】【综艺】【机械】【BGM】【人声】等不同类别的音效，和添加音乐的方法相同，选中音效后，点击其右侧的【使用】按钮即可，如图7-17和图7-18所示。

图 7-17

图 7-18

7.2.2 调节音量

为视频添加音乐、音效或配音后，可能会出现音量过大或过小的情况，为了满足不同需求，添加音频素材后，可以对其音量进行自由调整。

在轨道区域中选中音频素材，点击【音量】按钮，如图7-19所示。然后可通过控制滑块调整音量大小，如图7-20所示。

图 7-19　　　　　　　　　　图 7-20

如果要完全静音，可调整音量为0，或者将整个音频素材删除。如果视频素材自带声音且已混为一体，要想完全静音，则需要在初始界面中点击视频轨道左侧的【关闭原声】按钮，才可实现视频静音，如图7-21所示。

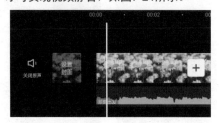

图 7-21

7.2.3 音频淡入淡出处理

调整音量只能整体提高或降低音频声音，若要形成由弱到强或由强到弱的音量效果，则需要对音频进行淡入和淡出处理。

01 在剪映中导入一个视频素材，点击【关闭原声】按钮关闭视频音乐，如图7-22所示。

02 关闭原声后，点击【音频】按钮，如图7-23所示。

图 7-22　　　　　　　　图 7-23

03 点击【音乐】按钮，如图7-24所示。

04 进入剪映音乐库，滑动手机屏幕，点击【浪漫】图标，如图7-25所示。

图 7-24　　　　　　　　图 7-25

05 选中一首歌曲，点击其右侧的【使用】按钮，如图7-26所示。

06 界面中显示添加了音乐轨道，调整视频时长和音频一致，如图7-27所示。

图 7-26   图 7-27

07 选中音乐素材，将时间轴定位在12秒处，点击【分割】按钮，如图7-28所示。

08 将音频分割为2段音频，选中第1段音频，点击【淡化】按钮，如图7-29所示。

图 7-28   图 7-29

09 调整滑块，设置【淡入时长】和【淡出时长】均为1.5秒，点击✔按钮确认，如图7-30所示。

10 使用相同的方法设置第2段音频的淡入和淡出，如图7-31所示。

 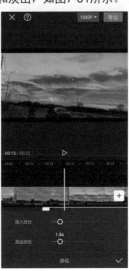

图 7-30　　　　　　　　　　　　图 7-31

11 在音频轨道中可以看到起始和结束位置都出现了淡化效果，点击【导出】按钮导出视频，如图7-32所示。

12 在手机相册中播放导出的视频，如图7-33所示。

图 7-32　　　　　　　　　　　　图 7-33

7.2.4 复制音频

若要重复使用一段音频素材，则可以选中音频后进行复制操作。复制音频的方法和复制视频的方法相同，在轨道区域中选择需要复制的音频素材，点击【复制】按钮，即可得到一段同样的音频素材，如图7-34和图7-35所示。

图 7-34　　　　　　　　　图 7-35

7.2.5 音频降噪

在日常拍摄时，由于环境因素的影响，拍摄的视频容易夹杂一些杂音和噪声，非常影响观看体验。剪映为创作者提供了降噪功能，可以方便、快捷地去除音频中的各种杂音、噪声等，从而提升音频的质量。

在轨道区域选中需要进行降噪处理的视频或音频素材，点击【降噪】按钮，如图7-36所示。再点击【降噪开关】开关按钮，将降噪功能打开，剪映将自动进行降噪处理，完成降噪处理后，降噪开关变为开启状态，点击✓按钮确认，保存降噪处理，如图7-37所示。

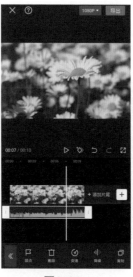

图 7-36　　　　　　　　　图 7-37

7.3 使用音频变声

很多短视频创作者会选择对视频原声进行变声或变速处理，通过这样的处理方式，不仅可以加快视频的节奏，还能增强视频的趣味性，形成鲜明的个人特色。

7.3.1 录制声音

通过剪映中的【录音】功能，用户可以实时在剪辑项目中完成旁白的录制和编辑工作。在使用剪映录制旁白前，最好能连接上耳麦，或者配备专业的录制设备，这样能有效地提高声音质量。

在剪辑项目中开始录音前，先在轨道区域中将时间线定位至音频开始处，然后在不选中素材的状态下，点击【音频】按钮，接着在打开的音频选项栏中点击【录音】按钮，如图7-38和图7-39所示。

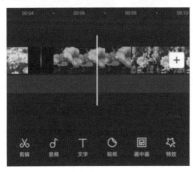

图 7-38　　　　　　　　　　图 7-39

点击红色的录制按钮即可开始录音，再次点击则停止录音，如图7-40所示。点击按钮确认后，则会出现录音轨道，可以像音频素材一样进行音量调整、淡化、分割等操作，如图7-41所示。

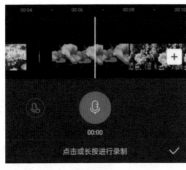

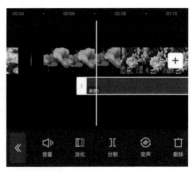

图 7-40　　　　　　　　　　图 7-41

7.3.2 变速声音

使用剪映可以对音频的播放速度进行放慢或加快等变速处理，从而制作出一些特殊的背景音乐。

选中音频素材，点击【变速】按钮，如图7-42所示。通过左右拖动速度滑块，可以对音频素材进行减速或加速处理。速度滑块停留在1x数值处时，代表此时音频为正常播放速度。当向左拖动滑块时，音频素材将被减速，且素材的持续时间会变长；当向右拖动滑块时，音频素材将被加速，且素材的持续时间将变短，如图7-43所示。

图 7-42

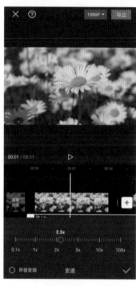
图 7-43

提示：

在进行音频变速操作时，如果想对旁白声音进行变调处理，可以选中如图 7-43 所示左下角的【声音变调】单选按钮，完成操作后，人物说话时的音色将会发生改变。

7.3.3 变声处理

创作者经常在一些游戏类或直播类的短视频里，为了提高人气，会使用变声软件进行变声处理，强化人物情绪，增添视频的趣味性和幽默感。需要注意的是，剪映中一般只能对视频素材进行变声操作，音频素材可以先和视频结合后导出为一个整体，再进行变声操作。

比如导入一个带有配音的视频素材，选中素材后，点击【变声】按钮，如图7-44所示。在打开的变声选项栏中，根据实际需求选择要变声的效果，如选中【基础】|【女生】选项，点击✓按钮确认，如图7-45所示。

图 7-44

图 7-45

7.4 设置变速卡点

音乐卡点视频是如今各大短视频平台上比较热门的视频，通过后期处理，将视频画面的每一次转换与音乐鼓点相匹配，使整个画面变得节奏感极强。剪映推出了【踩点】功能，不仅支持手动标记节奏点，还能快速分析背景音乐，自动生成节奏标记点。

7.4.1 手动踩点

卡点视频可以分为图片卡点和视频卡点两类。图片卡点是将多张图片组合成一个视频，图片会根据音乐的节奏进行规律的切换；视频卡点则是视频根据音乐节奏进行转场或内容变化，或是高潮情节与音乐的某个节奏点同步。

用户可以一边试听音频效果，一边手动标记踩点。首先选中视频或音频素材，点击【踩点】按钮，如图7-46所示。将时间轴定位至需要进行标记的时间点上，然后点击【添加点】按钮，如图7-47所示。

图 7-46 图 7-47

此时在时间轴所处位置添加一个黄色的踩点标记点，如果对添加的标记点不满意，点击【删除点】按钮即可将标记点删除，如图7-48所示。

标记点添加完成后，点击☑按钮确认，此时在轨道区域中可以看到刚添加的标记点，如图7-49所示，根据标记点所处位置可以轻松地对视频进行剪辑，完成卡点视频的制作。

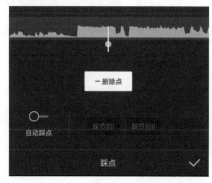

图 7-48 图 7-49

7.4.2 自动踩点

剪映还提供了音乐自动踩点功能，通过一键设置即可在音乐上自动标记节奏点，并可以按个人喜好选择踩节拍或踩旋律模式，大大提高了作品的节奏感。相比手动踩点，自动踩点功能更加方便、高效和准确，因此建议用户使用自动踩点的方法来制作卡点视频。

01 在剪映中导入多张图片素材，不选中素材，点击【音频】按钮，如图7-50所示。

02 点击【音乐】按钮，如图7-51所示。

图 7-50　　　　图 7-51

03 进入音乐库，点击【卡点】图标，此类音乐的节奏比较强烈，如图7-52所示。

04 选择一首歌曲，点击其右侧的【使用】按钮，如图7-53所示。

图 7-52　　　　图 7-53

05 选中添加的音频轨道，点击【踩点】按钮，如图7-54所示。

06 点击打开【自动踩点】开关，如图7-55所示。

图 7-54   图 7-55

07 弹出提示对话框，点击【添加踩点】按钮，如图7-56所示。

08 选中【踩节拍1】选项，此时显示黄色的踩点标记点，点击✔按钮确认，如图7-57所示。

图 7-56   图 7-57

09 选中第1段视频素材，拖曳其右侧的白色拉杆，使其与音频轨道上的第2个节拍点对齐，调整第1段视频轨道的时长，如图7-58所示。

10 采用同样的操作方法调整第2、3段视频轨道的时长，并删除多余的音频轨道，如图7-59所示。

图 7-58

图 7-59

11 将时间轴拖至视频开始处，点击【特效】按钮，如图7-60所示。

12 点击【画面特效】按钮，如图7-61所示。

图 7-60

图 7-61

13 选中【氛围】|【光斑飘落】效果，点击☑按钮确认，如图7-62所示。

14 拖曳特效轨道，调整至和第2个节拍点对齐，如图7-63所示。

图 7-62   图 7-63

15 返回上一级界面，将时间轴拖至第2段视频的开头，点击【人物特效】按钮，如图7-64所示。

16 选中【装饰】|【破碎的心】特效，然后点击【调整参数】文字，如图7-65所示。

图 7-64   图 7-65

17 设置特效参数，然后点击☑按钮确认，如图7-66所示。

18 拖曳特效轨道，调整至和第3个节拍点对齐，如图7-67所示。

图 7-66　　　　　　　　　图 7-67

19 返回上一级界面，将时间轴拖至第3段视频的开头，点击【画面特效】按钮，如图7-68所示。

20 选中【氛围】|【水彩晕染】特效，点击☑按钮确认，如图7-69所示。

图 7-68　　　　　　　　　图 7-69

21 拖曳特效轨道，调
整至最后一个节拍点对
齐，最后导出视频，如
图7-70所示。

22 在手机相册中查看视
频效果，如图7-71所示。

图 7-70　　　　　　　　　　图 7-71

7.4.3　结合蒙版卡点

通过音乐踩点再结合剪映的【蒙版】和【画中画】功能，可以制作出更具动
感、也更丰富的视频卡点效果。

01 在剪映中导入3张图
片素材，不选中素材，
点击【音频】按钮，如
图7-72所示。

02 点击【音乐】按
钮，如图7-73所示。

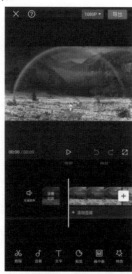 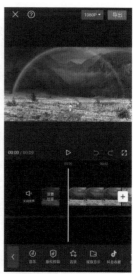

图 7-72　　　　　　　　　　图 7-73

03 进入音乐库，点击【卡点】图标，如图7-74所示。

04 选择一首歌曲，点击其右侧的【使用】按钮，如图7-75所示。

图 7-74   图 7-75

05 选中添加的音频轨道，然后点击【踩点】按钮，如图7-76所示。

06 点击打开【自动踩点】开关，选中【踩节拍1】选项，点击✓按钮确认，如图7-77所示。

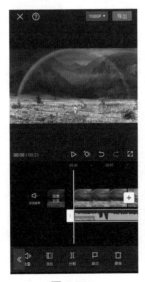 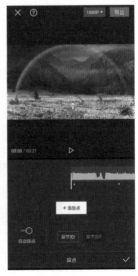

图 7-76   图 7-77

07 添加节拍点后，将3段视频各拉长至两个节拍点的长度，然后删除多余的音轨，如图7-78所示。

08 返回初始界面，将时间轴定位于开头处，点击【画中画】按钮，如图7-79所示。

图 7-78

图 7-79

09 点击【新增画中画】按钮，如图7-80所示。

10 导入和第一段视频同样的图片，如图7-81所示。

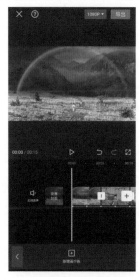

图 7-80

图 7-81

11 调整新导入的视频轨道两端，使两张同样图片的视频长度一致，选中上面轨道区域中的第1段视频，点击【蒙版】按钮，如图7-82所示。

12 选择【星形】蒙版，在预览区域中调整蒙版的大小和倾斜度，点击左下角的【反转】按钮，然后点击✓按钮确认，如图7-83所示。

 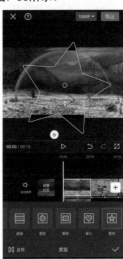

图 7-82　　　　　　　　　图 7-83

13 选中画中画视频轨道，点击【蒙版】按钮，如图7-84所示。

14 选择【星形】蒙版，在预览区域中调整蒙版，使其与第1个星形蒙版对齐，点击✓按钮确认，如图7-85所示。

 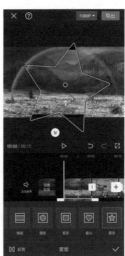

图 7-84　　　　　　　　　图 7-85

15 选中第1个视频，点击【动画】按钮，如图7-86所示。
16 点击【组合动画】按钮，如图7-87所示。

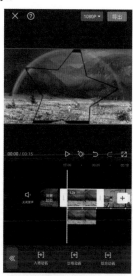

图 7-86　　　　　　　　图 7-87

17 选中【缩小旋转】选项，点击✓按钮确认，如图7-88所示。
18 选中画中画视频轨道，依次点击【动画】和【组合动画】按钮，选择【旋转降落改】选项，点击✓按钮确认，如图7-89所示。

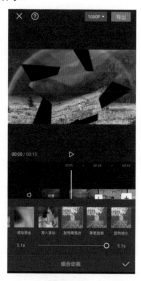

图 7-88　　　　　　　　图 7-89

19 使用相同的方法，为其他两段图片视频结合画中画添加合适的蒙版和动画，最后导出视频，如图7-90所示。

20 在手机相册中播放视频并查看视频效果，如图7-91所示。

图 7-90   图 7-91

第8章

在短视频中添加片头与片尾

　　无论是短视频还是长视频，如果有合适的片头和片尾加入其中，会给观者留下深刻的印象。有创意、有特色的片头和片尾，不仅吸引人观看，还能起到引流的作用。本章将介绍如何运用模板和其他功能，制作出有不同特色的片头和片尾。

8.1 制作创意片头

有个性的片头能吸引观众继续观看视频，因此有创意的片头设计是吸引眼球的第一步。下面提供的一些片头制作案例，可以帮助用户找到更多灵感，制作属于自己的创意片头。

8.1.1 选择自带片头

在剪映中提供了相当多的片头素材，这些素材类型丰富，提供多种选择，用户可根据不同类型选择自己想要的素材。

01 在剪映中导入一个视频素材，在轨道区域中选中素材，点击【定格】按钮，如图8-1所示。

02 返回主界面，显示原视频开头前3秒自动分割出来形成一段新视频，点击【画中画】按钮，如图8-2所示。

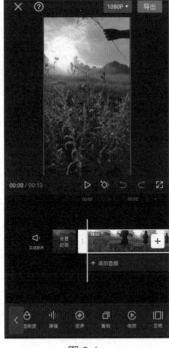

图 8-1　　　　　　　　　　图 8-2

03 点击【新增画中画】按钮，如图8-3所示。

04 选择【素材库】选项卡，在【片头】选项区域中选中一款片头素材，点击【添加】按钮，如图8-4所示。

图 8-3   图 8-4

05 在预览区域中调整片头素材的大小，然后点击【混合模式】按钮，如图8-5所示。

06 选中【滤色】选项，点击✔按钮确认，如图8-6所示。

图 8-5   图 8-6

07 将第1段视频时长调整为1.5秒，如图8-7所示。

08 返回主界面，点击【音频】按钮，如图8-8所示。

图 8-7   图 8-8

09 点击【音效】按钮，如图8-9所示。

10 选中【机械】|【打字声3】音效，点击【使用】按钮，如图8-10所示。

图 8-9   图 8-10

11 调整音效时长与第1段视频一致，也为1.5秒，如图8-11所示。

12 为第2段视频添加音乐库中的音乐，并调整音乐时长与视频一致，如图8-12所示。

图 8-11　　　　　　　　　　　　　图 8-12

13 点击【导出】按钮导出视频，如图8-13所示。

14 在手机相册中播放导出的视频，如图8-14所示。

图 8-13　　　　　　　　　　　　　图 8-14

8.1.2 分割开头文字

在剪映中可以利用蒙版和关键帧等功能制作文字分割效果，片头中的新文字将在分割区域中显现出来，这种片头显得特别高级。

01 在剪映的素材库中选择【黑幕】素材，点击【添加】按钮，如图8-15所示。

02 将该轨道素材时长调整为8秒，如图8-16所示。

图 8-15　　　　　　图 8-16

03 返回主界面，点击【文字】按钮，如图8-17所示。

04 点击【新建文本】按钮，如图8-18所示。

图 8-17　　　　　　图 8-18

05 选择字体后，输入文字，然后在预览区域中调整文字大小，点击 ✓ 按钮确认，如图8-19所示。

06 调整文字轨道时长和黑幕视频一致，点击【导出】按钮导出视频，如图8-20所示。

图 8-19　　　　　　　　　　　图 8-20

07 返回初始界面，重新导入一段视频素材，点击【画中画】按钮，如图8-21所示。

08 点击【新增画中画】按钮，如图8-22所示。

 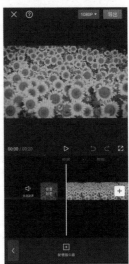

图 8-21　　　　　　　　　　　图 8-22

09 选中导出后的黑幕文字视频素材，点击【添加】按钮，如图8-23所示。
10 点击【混合模式】按钮，如图8-24所示。

图 8-23   图 8-24

11 选中【滤色】选项，点击✔按钮确认，如图8-25所示。
12 点击【蒙版】按钮，如图8-26所示。

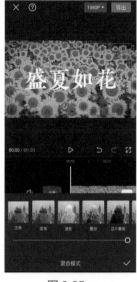

图 8-25   图 8-26

13 选中【镜面】选项，调整蒙版的位置和大小，点击【反转】按钮，然后点击✓按钮确认，如图8-27所示。

14 返回主界面，点击【文字】按钮，如图8-28所示。

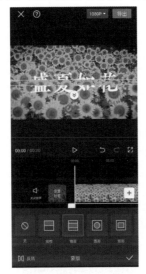 

图 8-27　　　　　　　图 8-28

15 点击【新建文本】按钮，如图8-29所示。

16 选择字体后输入文字，并设置文本框的大小和位置，如图8-30所示。

 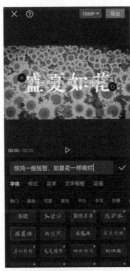

图 8-29　　　　　　　图 8-30

17 切换至【动画】选项卡，选择【打字机Ⅱ】入场动画，设置动画时长为2秒，然后点击✓按钮确认，如图8-31所示。

18 返回主界面，选择画中画的文字轨道，拖曳时间轴至2秒的位置，点击◇按钮添加关键帧，如图8-32所示。

图 8-31   图 8-32

19 拖曳时间轴至开头，点击【蒙版】按钮，如图8-33所示。

20 放大镜面蒙版的区域，点击✓按钮确认，如图8-34所示。

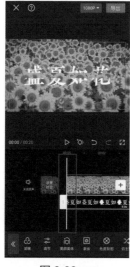 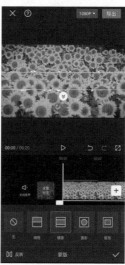

图 8-33   图 8-34

21 将黑幕文字素材轨道的时间轴移至2秒处，然后在关键帧处点击【分割】按钮将视频分为两段，选中第2段视频，点击【蒙版】按钮，如图8-35所示。

22 选择【无】蒙版效果，点击✓按钮确认，如图8-36所示。

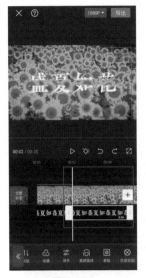

图 8-35　　　　　　　　　　图 8-36

23 返回界面查看效果，点击【导出】按钮导出视频，如图8-37所示。

24 在手机相册中播放导出的视频，如图8-38所示。

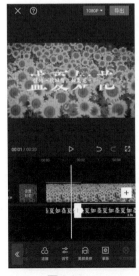
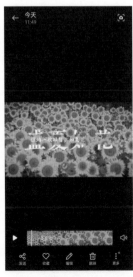

图 8-37　　　　　　　　　　图 8-38

8.1.3 电影开幕片头

在剪映中可以利用画中画和混合动画等功能制作文字镂空显示画面的效果，这样的文字让人过目难忘，常常用在电影的开幕镜头上。

01 在剪映的素材库中依次选择【白幕】和【黑幕】素材，点击【添加】按钮，如图8-39所示。

02 选中黑幕素材，点击【复制】按钮，如图8-40所示。

图 8-39　　　　　　　图 8-40

03 点击【画中画】按钮，如图8-41所示。

04 选中第1段黑幕素材，点击【切画中画】按钮，如图8-42所示。

图 8-41　　　　　　　图 8-42

05 重复上一步操作，拖曳两段画中画轨道的位置，与白幕视频对齐，如图8-43所示。

06 调整所有轨道时长为15秒，如图8-44所示。

图 8-43   图 8-44

07 拖曳时间轴至6秒的位置，点击◇按钮为两段画中画轨道添加关键帧，如图8-45所示。

08 调整两段黑幕素材的画面，露出部分白幕素材，如图8-46所示。

图 8-45   图 8-46

09 拖曳时间轴至起始位置，调整第1段黑幕素材的画面，露出所有白幕素材，如图8-47所示。

10 调整第2段黑幕素材的画面，露出所有白幕素材，如图8-48所示。

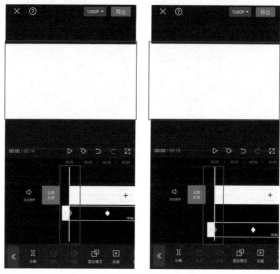

图 8-47   图 8-48

11 返回主界面，拖曳时间轴至6秒的位置，点击【文字】按钮，如图8-49所示。

12 点击【新建文本】按钮，如图8-50所示。

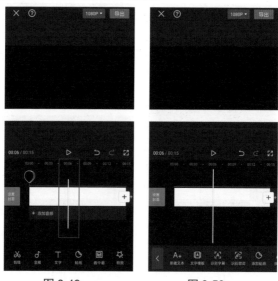

图 8-49   图 8-50

13 选择字体，输入文字，设置文本框的位置和大小，点击✔按钮确认，如图8-51所示。

14 调整文字轨道时长末尾和视频末尾对齐，如图8-52所示。

图 8-51   图 8-52

15 设置文字动画为【渐显】入场动画，设置时长为最大，点击【导出】按钮导出视频，如图8-53所示。

16 在剪映中重新导入一段视频素材，点击【画中画】按钮，如图8-54所示。

图 8-53   图 8-54

17 点击【新增画中画】按钮，如图8-55所示。

18 添加前面导出的视频并调整画面大小，点击【混合模式】按钮，如图8-56所示。

图 8-55   图 8-56

19 选择【正片叠底】选项，点击 ✓ 按钮确认，点击【导出】按钮，如图8-57所示。

20 在手机相册中播放导出的视频，如图8-58所示。

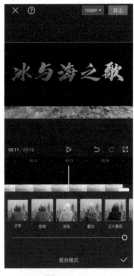

图 8-57   图 8-58

8.2 制作特色片尾

制作出让人印象深刻的片尾，可以使短视频从头至尾都给观众带来回味无穷的感受，加深观众对视频创作者的印象，起到引流的作用。

8.2.1 添加片尾模板

一般剪映剪辑视频的轨道末尾就有【添加片尾】按钮，点击该按钮可自动添加剪映自带的有"剪映""抖音"标签文字的片尾，如图8-59和图8-60所示。

图 8-59　　　　　　　图 8-60

剪映的素材库中提供了不少片尾的视频素材，用户可以根据自己的需求选取并使用。首先在视频末尾处点击 + 按钮添加素材，选中素材库【片尾】栏中的一个选项，然后点击【添加】按钮，如图8-61所示。此时已添加该片尾视频素材，如图8-62所示。

图 8-61　　　　　　　图 8-62

在剪映中,【剪同款】功能也提供片尾模板,只需一张照片,即可套用模板制作专属于自己的片尾头像视频。

01 在剪映初始界面中点击【剪同款】按钮,如图8-63所示。

02 在搜索框中输入"片尾"进行搜索,如图8-64所示。

图 8-63   图 8-64

03 选中一款片尾模板,如图8-65所示。

04 点击【剪同款】按钮,如图8-66所示。

图 8-65   图 8-66

05 在【照片视频】库中选择一张照片，点击【下一步】按钮，如图8-67所示。

06 在【视频编辑】选项卡中点击第2个区域中的【点击编辑】|【裁剪】按钮，如图8-68所示。

图 8-67   图 8-68

07 拖动选择视频显示区域，然后点击【确认】按钮，如图8-69所示。

08 点击【导出】按钮，如图8-70所示。

图 8-69   图 8-70

09 点击【无水印保存并分享】按钮导出视频，如图8-71所示。

10 打开手机相册播放导出的视频，如图8-72所示。

图 8-71　　　　　　　　图 8-72

8.2.2　电影谢幕片尾

在剪映中可以利用关键帧功能制作电影谢幕片尾效果，这是在长视频或短剧中经常用到的片尾形式。

01 在剪映中导入一段视频素材，选中视频后点击◇按钮添加关键帧，如图8-73所示。

02 拖动时间轴至1秒处，添加关键帧，然后调整视频的画面大小和位置，如图8-74所示。

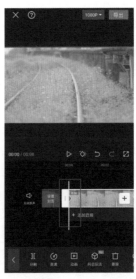 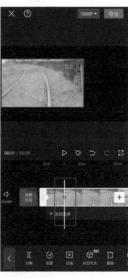

图 8-73　　　　　　　　图 8-74

03 返回主界面，点击【文字】按钮，如图8-75所示。

04 点击【新建文本】按钮，如图8-76所示。

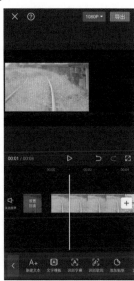

图 8-75　　　　　　　　　　图 8-76

05 选择字体后输入文本，点击✓按钮确认，如图8-77所示。

06 在文字轨道起始点创建关键帧，调整文本框的大小和位置，如图8-78所示。

图 8-77　　　　　　　　　　图 8-78

07 调整文字轨道末尾和视频一致，添加关键帧，并调整文本框的位置，如图8-79所示。

08 返回主界面，点击【特效】按钮，添加【录制边框II】特效，如图8-80所示。

图 8-79　　　　　　　　　　图 8-80

09 添加合适的背景音乐，然后点击【导出】按钮导出视频，如图8-81所示。

10 打开手机相册播放导出的视频，如图8-82所示。

图 8-81　　　　　　　　　　图 8-82

第 9 章
短视频的推广与运营

　　短视频账号的推广与运营工作，是保证账号能够持续发展的关键。
推广与运营不仅贯穿于短视频的发布环节，还贯穿于短视频发布后的
"售后"工作中，这些流程都是运营人员需要重点把控的环节。

9.1　发布短视频的技巧

每个短视频平台都有自己的流量高峰，这源于平台用户的不同浏览习惯。运营人员需要提高对入驻平台的流量高峰时段的敏感度，并结合自身账号的领域和特点等，固定短视频的发布时间。

一般来说，短视频平台的流量高峰有4个时间段，即早上(7:00～9:00)、中午(12:30～13:30)、下午(16:00～18:00)及晚上(21:00～23:00)。在以上4个时间段内，短视频领域的大部分用户正处于起床、通勤、用餐或休闲的阶段，是比较适合的短视频浏览时间。

短视频创作者或运营人员要注意，并不是在这4个时间段中随意选择一个进行发布，也并非在4个时间段内都发布短视频，而是应当依据自身账号受众的特点及视频内容来科学地确定发布时间，保持稳定的发布频率，这样有利于用户养成良好的观看习惯，进而提高用户黏性和忠诚度。

就账号受众的角度而言，账号应当在受众集中在线的时间段发布视频，才能获得更多的流量。而从视频内容角度来说，若是剧情类短视频，则可选择在21:00～23:00这一时间段进行发布，这个时间段的受众心情大多已经放松下来，而深夜也更容易让人变得感性，有利于提高短视频的互动量及传播率。

发布短视频时@抖音小助手，已经成为部分账号的常规操作，这样可以为短视频带来更多的流量助推。依照平台的规定对短视频进行自我核查，以避免因为违规导致账号被降权。

短视频的标题文案也是影响视频流量的重要元素之一。在标题文案中加入热门话题或是热门挑战的标签，能获得官方分配给热点的流量。另外，为短视频进行地址定位，以及添加热门音乐，也都是同样的原理。

9.2　提高点赞比

点赞比是指浏览短视频的用户为短视频点赞的比例。高点赞比彰显着短视频的高质量，将短视频推入下一个流量池的概率也更大。

1.　创造有价值的视频内容

短视频的价值是判断视频是否优质的重要依据，不管是对用户具有娱乐方面的价值，还是生活技能、学习等方面的价值，都能引起用户对短视频的点赞欲望及收藏欲望。

例如，美妆、美食、健身、技巧类的短视频，因为"干货满满"，十分容易获得用户的点赞。图9-1所示的短视频内容为10道花样美食的具体做法，是典型的干货型短视频，对用户具有实用价值。而用户也对这类内容十分喜爱，但可能由于目前并不方便立刻进行实践或学习，就会先点赞短视频，当作收藏以备用。

2.　请求用户看完，创造点赞机会

用户的耐心是有限的，相对"短、平、快"的短视频而言，时长较长的短视频即使内容优质，获赞机会也比前者少很多。基于这种情况，创作者或策划人员可以

通过标题、字幕等对用户进行"请求"，或用一些语言技巧吸引用户看到最后，为短视频创造更多获赞机会。

例如，在图9-2所示的短视频中，视频的标题包含"一定要看到最后"的文字，让用户对短视频的结尾产生了好奇，挽留住了部分想要划走的观众。而视频在结尾处通过反转创造出有趣的笑点，符合了观众的预期，因此收获大量点赞。

图 9-1

图 9-2

3. 在视频结尾处创造"高潮点"

观众对于一部电影的观感，很大程度取决于电影的结尾是否让观众满意。而大多数短视频其实相当于一部时长较短的电影，观众会天然地对电影的结尾产生期待，如果结尾处的情节满足了他们的情感期待，那么点赞比自然不会低。

相反，如果用户看到最后，却发现结尾不尽如人意，则难免产生不良情绪，这时，轻则直接划走，重则在评论区进行"吐槽"，或者点击"不感兴趣"以免再次浏览到这类视频。所以，创作者或策划人员千万不能让短视频"烂尾"，而是要在结尾处安插冲击力足够强的剧情或者反转桥段，创造一个"高潮点"，让用户自发进行点赞。

4. 用文案、字幕、声音引导点赞

除了用以上方式使用户自发地点赞，创作者或策划人员还可以采取更直白的方式——用文案、字幕、声音等引导用户点赞。

例如在某个短视频中，一对夫妇在服装店挑选好商品后，表示得先去超市买东西后再回来进行购买。但在二人返回商店时，却发现店主不在，且商店空无一人。于是，夫妇二人在到隔壁商店询问店主的去处无果后，直接扫码买单，并向监控展示付款界面，最后带走商品。不得不说，二人展现的高素质实在让人印象深刻。

在短视频的字幕和视频文案中，都包含了"为诚信点赞！"的话语。本身就十分令人动容的短视频内容，加上引导的话语，观众情绪受到感染，便不会吝啬手中的"赞"。

9.3 提高播放量和互动量

一段视频的火爆也许是偶然，但一个账号的崛起一定是高质量短视频产出后的必然。播放量与互动量是决定一段短视频及一个账号是否火爆的关键，创作者如果想要从根本上提升这两项数据，应当从内容选题、视频制作、内容分发3个层面入手，着重关注9个关键点，具体如图9-3所示。

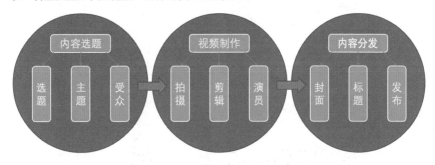

图 9-3

从内容选题的层面上来说，策划人员需要留意选题是否具有时效性，是否符合大部分用户的喜好，以及是否能在短时间内吸引用户的眼球。第一，在选题时要做到靠近热点，同时兼顾自身原创内容的高质量，做到"用他人事件，输出自己的观点"。第二，在主题方面要做到开门见山，注重"黄金3秒原则"。第三，在受众上要关注用户群体的共性，不断更新对受众群体的认知，输出其感兴趣的内容。

从视频制作的层面上来说，剪辑人员需要注意画面的表达，揣摩用户的观感。在拍摄方面，做到画质清晰、画面稳定；在剪辑方面，在叙事清晰的基础上，加入精彩的配乐；在演员方面，尽量做到固定演员真人出镜，这样才能获得更多的平台支持。

内容分发简单来说就是发布短视频，在这个环节中，创作者或运营人员首先要注意封面的精美与关键信息的准确呈现。其次，比封面更重要的是要反复打磨标题，提炼出整个视频的精华部分。最后，要确定最适合自身账号的发布时间，多角度结合考虑，取得最优结果。

9.4 短视频账号的推广引流

推广与引流是为短视频数据添柴加火的必要工作。根据短视频的不同体量，创作者或运营人员应当制定不同的推广引流方案，尽量做到最大限度地为视频数据助力。

1. 多平台同步发布视频

虽说短视频平台的用户体量各有不同，但即便是小平台的用户基数，也是难以想象的。创作者或运营人员若想获得更多的流量和影响力，将短视频在多个平台发布是个不错的推广方式。

从增加作品展现量的角度而言，可以以某一平台为主运营平台；其他多个平台为辅运营平台，主要用于增加展现量和引流。例如，某创作者在抖音注册了一个美妆类短视频账号，并在抖音火山版、美拍、西瓜视频也注册了同名短视频账号，将作品进行同步发布。此时，该账号的流量来源则增加到了4个渠道。

值得注意的是，在进行多平台推广时，各个不同平台的短视频账号需要保持昵称、定位一致，力求形成多平台环境下的垂直内容。即使各平台账号的定位只有些许差别，也相当于在4个平台运营了4个各不相同的账号。想要打破平台壁垒，最终达到聚集流量的目的，一定要保持账号的高度一致性。

2. 进行社交分享

短视频平台的社交属性，也是它在短时间内爆火的原因之一。大多数用户的手机里都不缺QQ、微信这两个软件，某些用户还有微博等。这些社交软件往往是用户联系亲朋好友的第一选择，也是每天打开手机必定观看的App。而每个用户社交圈的影响力，也都是不容小觑的。

创作者或运营人员可以将发布成功的短视频作品分享到这些社交软件上，利用自己的社交圈，扩大传播范围。

3. 在贴吧或论坛推广引流

贴吧是用户因为相同兴趣爱好而聚集的分享社区，它的流量相对比较聚集。例如，因为喜爱宠物，用户们成立了"宠物吧"，那么"宠物吧"中的所有用户都是喜爱宠物的人群。同时，"宠物吧"也会吸引越来越多爱好宠物的用户加入，这些用户都是创作者或运营人员可利用的潜在流量。

在利用贴吧进行短视频推广时，可以将短视频链接或视频本身直接发布到与视频内容相符合的贴吧，感兴趣的用户则会点击观看，甚至在短视频平台进行关注。这就完成了短视频的推广与引流两大工作。

另外，论坛也是与贴吧相似的流量聚集地。在贴吧、论坛进行推广引流，从根本上说，是直接瞄准了短视频的受众。因此，在进行贴吧与论坛的选择时，需要多方面考量，直到确定受众重合度足够高，再开展推广引流工作。

4. 在微信及QQ群推广引流

QQ群、微信群中的用户通常都是基于一定目标、兴趣而聚集在一起的，除去因为工作关系建立的工作群，创作者或运营人员也可以通过QQ群、微信群进行短视频的推广与引流。

QQ群与微信群的特点是，群组的聚集性较高，任何成员在群内发送信息，其他成员都会收到新消息提示。因此，通过QQ群、微信群推广短视频，可以保证推广信息到达受众，那么，受众对信息做出反应的可能性也就更大。

除此之外，由于定位不同，用户可以通过公开查找加入QQ群。而因为微信更具隐私性，除了通过群内成员邀请的方式，陌生用户很难加入微信群。所以，QQ群比微信群更易于添加和推广。创作者或运营人员可以借助群内的用户，形成"病毒式"的传播，以达到良好的引流效果。

5．利用平台扶持流量

除利用辅运营平台进行推广、引流外，创作者或运营人员还可以回归到主运营平台，充分利用平台本身的流量扶持政策，为短视频推广加一把劲。以抖音平台为例，官方会给出许多推荐创作者遵循的短视频要求，短视频在满足这些要求后，平台会给予一定的流量扶持。其中部分要求如下。

🔴 发布竖屏视频。竖屏视频是抖音官方推荐的，发布竖屏视频会获得一定的流量支持。

🔴 视频画质要清晰。高清视频有利于获得更优质的流量推荐，建议创作者使用1080×1920的分辨率，在视频内容相同的情况下，这个分辨率获得的推荐最多。

🔴 视频的最佳时长为15～30秒。抖音账号的粉丝数量大于1000或者开通蓝V认证，就可以发布1分钟时长的视频。但是实际上，视频超过30秒，完播率就会大幅度下降。所以视频的最佳时长是在15～30秒。

🔴 统一元素风格的封面图。好的视频封面应当具备3个特点：第一，标题清晰，能直接表达出主题内容；第二，风格鲜明，能提升账号的品牌调性，提升视频点击率；第三，统一元素风格，让用户一看就觉得视频是经过精心整理、排版的。

🔴 选择抖音热门音乐。热门音乐自带流量，也能帮助短视频的热度更上一层楼。

9.5　提升视频权重与账号权重

权重，在新媒体时代成了所有运营人员不得不掌握的概念。在短视频领域中，权重分为视频权重与账号权重两种。

9.5.1　视频权重与账号权重

权重在广义上是指事物本身在其所属的环境中的重要性。而在短视频领域中，则可理解为关键要素在平台中的重要性。根据关键要素的不同，可以将权重划分为视频权重与账号权重。

视频权重指单个视频的权重，它由视频本身的内容与视频的数据表现决定。例如，视频画面是否清晰，文案中是否含有违禁词，点赞量如何等。创作者或运营人员需要注意的是，单个视频的权重并不影响同一账号中其他视频的数据。但如果某段视频的视频权重特别高，那么它将助力于这段视频的各项数据。例如，该视频可能会获得更多的扶持流量，进入下一轮的流量池的概率更大等。

账号权重的高低与该账号粉丝量的多少以及是否进行官方认证有关。账号权重高，代表该账号与其他账号相比，能在平台中获得更多的支持。例如，更容易统一标签，获得更好的精准流量推荐；视频发布后的审核速度也会更快等。

9.5.2　权重与播放量

如果要用一个词来概括权重与播放量的关系，那一定是"息息相关"。众所周知，一般情况下权重越高，播放量也越高。

以一个刚注册的短视频账号为例，它的前5条短视频决定了该账号的初始权重。而短视频平台为了使创作者拥有更高的创作热情，从而推动平台发展，会给新账号的前5条短视频以流量扶持，其中，流量扶持最多的是第1条短视频。新账号发布的前几条视频播放量与账号权重的关系如图9-4所示。

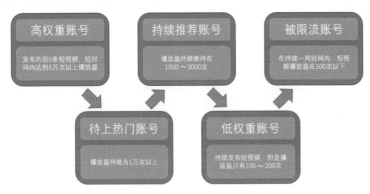

图 9-4

按照上图所示的权重情况，如果新账号十分幸运地成为高权重账号，那么该账号所发布的短视频就十分容易成为热门；如果新账号成为待上热门账号，那么创作者还需要积极参与热门话题或活动，多使用热门音乐等来提高上热门的概率；如果新账号成为持续推荐账号，那么创作者需要抓紧时间提高短视频质量，或者提高播放量、点赞量和评论量，避免账号权重降低。

9.5.3　提高账号权重的方法

权重不仅决定着短视频账号在平台的地位，还能在视频发布时占据多方面的优势。创作者应当科学地提高账号的权重，具体方法如下。

🍃产出优质内容。优质内容是高权重的根本，也是吸引粉丝、账号长久生存的关键，还能提升视频的互动数据。

🍃添加热门音乐。配乐是短视频的灵魂，使用热门音乐作为配乐能得到平台的流量支持与权重扶持。

🍃插入热门话题。官方平台时常会推出不同的话题让创作者参与，这些热门话题包括但不限于开学季、新年等。参与官方热门话题，不仅可以增加短视频的推荐量，还能增加账号的权重。

🍃参与官方活动。在短视频平台中，只要创作者按照特定要求拍摄短视频，参与官方活动，就可以获得一定的权重扶持。

@抖音小助手。在抖音中，官方很少明确表示哪些方法可以增加流量和提高权重，但是@抖音小助手是其方法之一。在长期的运营过程中，短视频团队可能会发现使用这一方法获得的额外流量较少，权重提升较慢，但是对于新手创作者来说，任何一点权重的提升都是好的，所以可以多采用这一方式。

多与粉丝互动。多与粉丝进行有效互动，如回复粉丝的评论和私信等，可以有效地提高账号的权重。

若想要保证账号的权重不被降低，根本方法是持续地产出优质内容，同时多留意平台活动，抓住每一个能提高权重的机会，并且不能触犯平台的禁忌，账号的权重自然就会提升。

9.6　粉丝运营

短视频运营的最终目标是获取更多的流量，而流量的切实体现则是用户，能持续为短视频账号贡献流量的用户称为粉丝。因此，短视频运营人员需要对粉丝进行运营，即根据粉丝的行为数据，对其进行反馈和激励，并不断地提升粉丝的活跃度和体验感。

在短视频领域中，所有内容产品的粉丝运营工作都是围绕着拉新、留存、促活和转化4个运营目标进行的。拉新与留存是为了保证粉丝规模最大化；促活是为了提高粉丝的活跃度，增强粉丝黏性和忠实度，而粉丝和创作者之间的信任关系又是促成粉丝最终转化的关键动力。

拉新就是拉入新粉丝，扩大粉丝群体规模，是粉丝运营的基础。短视频的内容十分多样，更新迭代也非常快，这导致粉丝的注意力不断发生变化。因此，创作者需要不断创新，输出新鲜有趣的视频内容，吸引更多的新粉丝，以弥补流失的粉丝缺口。

留存是指在扩大粉丝基数后，通过各种方式，如与粉丝互动，进行小福利的派发、抽奖等，将粉丝进行最大限度保留的运营活动。短视频运营人员将粉丝聚集在粉丝群后，需要借助粉丝群，与粉丝进行多方面的沟通，了解粉丝的核心诉求，不断对短视频的内容等方面进行调整，才能留住粉丝，并吸引更多新的粉丝，为下个目标——促活做准备。

促活就是促进粉丝的活跃度。当粉丝留存率趋于稳定后，提升粉丝黏性与互动率则成了运营人员的工作重点。如果想让粉丝对短视频账号发自内心的喜爱，且愿意为短视频推荐的产品买单，运营人员应当整理、分类用户，通过多种手段，如一对一沟通回访、商品优惠券赠送等，激活与召回沉默粉丝，充分把握不同类型粉丝的心理。同时，完善粉丝激励机制，让老粉丝乐于带领新粉丝加入粉丝群体，久而久之，总结出一套成熟的"粉丝促活流程"，并不断进行更新。

转化就是把粉丝转化成短视频产品的最终消费者。对于运营人员来说，无论是通过广告变现、内容付费，还是电商带货实现变现，都需要将粉丝转化为实际消费者，从而创造收益。

新用户通过各种途径关注账号后，如果没能在账号中找到感兴趣的内容，就很容易流失。因此，留存是4个运营目标中的重点，也是粉丝运营工作的核心。